程序员书库

THE KOLLECTED KODE VICIOUS

编程智慧

编程鬼才的经验和思考

[美] 乔治·V.内维尔-尼尔 ◎著

(George V. Neville-Neil)

黄凯 徐鑫 刘爱娣 谭梦迪 刘诚智 ◎译

机械工业出版社
CHINA MACHINE PRESS

U0126051

本书中文简体字版由 Pearson Education（培生教育出版集团）授权机械工业出版社在中国大陆地区（不包括香港、澳门特别行政区及台湾地区）独家出版发行。未经出版者书面许可，不得以任何方式抄袭、复制或节录本书中的任何部分。

本书封底贴有 Pearson Education（培生教育出版集团）激光防伪标签，无标签者不得销售。

北京市版权局著作权合同登记　图字：01-2021-3937 号。

图书在版编目（CIP）数据

编程智慧：编程鬼才的经验和思考 /（美）乔治·V. 内维尔-尼尔（George V. Neville-Neil）著；黄凯等译. —北京：机械工业出版社，2023.12
（程序员书库）
书名原文：The Kollected Kode Vicious
ISBN 978-7-111-74016-2

Ⅰ.①编… Ⅱ.①乔… ②黄… Ⅲ.①程序设计 Ⅳ.① TP311.1

中国国家版本馆 CIP 数据核字（2023）第 189786 号

机械工业出版社（北京市百万庄大街 22 号　邮政编码 100037）
策划编辑：刘　锋　　　　　　　　责任编辑：刘　锋
责任校对：龚思文　贾立萍　陈立辉　责任印制：李　昂
河北宝昌佳彩印刷有限公司印刷
2023 年 12 月第 1 版第 1 次印刷
186mm×240mm · 16.75 印张 · 296 千字
标准书号：ISBN 978-7-111-74016-2
定价：99.00 元

电话服务　　　　　　　　　　网络服务
客服电话：010-88361066　　　机 工 官 网：www.cmpbook.com
　　　　　010-88379833　　　机 工 官 博：weibo.com/cmp1952
　　　　　010-68326294　　　金 书 网：www.golden-book.com
封底无防伪标均为盗版　　　机工教育服务网：www.cmpedu.com

Preface Donald E.Knuth（DK）撰写的序

亲爱的 DK：

我的工作让我忙得没有时间去读真正的计算机科学书籍，而且我的注意力也不是很集中。但我知道，关于计算机的一切都在快速变化，我担心如果不跟上这个领域的节奏，我很快就会被淘汰。

你能为我推荐一些可靠的最新信息来源，帮我轻松地提高工作质量吗？

Harried Information Hider（苦恼的信息隐藏者）

亲爱的 Harried：

多年来，DK 一直是 *Communications of the ACM* 上"Kode Vicious"定期专栏的粉丝。其中的话题不仅适时，而且解释得机智而优雅。KV[⊖]并不担心其观点不受欢迎，无情地剖析了许多正在蔓延的疯狂行为。

所以 DK 认为你应该尝试一下。事实上，现在还有一个更好的方法，因为 KV 已经把他的专栏文章收集起来，并扩展成了一本书。那本书可能正是你所渴望的。

另外，关于注意力集中，这是一个更棘手的问题——尤其是对你们这一代人来说。考虑在荒岛上待一段时间，不能上网。去一个天气和住宿条件都很好的地方，带上一本好的技术书籍，再带上大量的草稿纸、铅笔和橡皮。

一本充满习题并附带答案的教科书会特别有用。事实上，如果你碰巧选择了 DK 的一本书，你甚至可能会发现它还包含 KV 的一段引文。

当然，你也应该带一本 KV 的书，它会让你脚踏实地。

DK

⊖ Kode Vicious 的缩写，是作者在专栏文章中使用的名字。——编辑注

亲爱的 DK：

有人告诉我，你是"Kode Vicious"专栏的忠实读者，该专栏的特色据说是对 KV 收到的信件的回复。

然而，当我仔细观察这些信时，我觉得它们太完美了。从来没有人给我寄过写得这么好、这么中肯的信。

你觉得是 KV 伪造了那些信，还是它们都是真的？

Skeptical Inquirer（持怀疑态度的探索者）

亲爱的 Skeptical：

事实上，这正是 DK 在几年前的黑客大会上亲自问 KV 的问题。KV 厚着脸皮承认了是自己代笔的。

但如果你仔细想想，你可能会认同问答形式是表达思想和教导他人的理想方式。DK 甚至猜想过苏格拉底曾经的"对话"也是柏拉图本人代笔的。

你猜怎么着：这种形式非常有效，DK 自己现在也很想尝试一下。

DK

最坏的情况是什么？

——著名的遗言

欢迎来到我从未想过的尝试——关于"Kode Vicious"的第一本书。事实上，我从未想过会为一本杂志写专栏，也从未想过这个专栏会连载 15 年多，发表了 100 多篇文章。但生活就是充满了奇怪的波折，尤其是当你没有足够快地躲开一桌正在寻找受害者（我是说志愿者）的同伴时！

"所以现在我想抛出有史以来最糟糕的主意。"随着 Wendy A. Kellogg 的这句话，创办"Kode Vicious"专栏的想法诞生了。"专栏负责人应该是编委会成员，态度'有问题'的人，光头的人。"在 *Queue* 创办的早期，我是唯一光头的编委会成员，尽管那时我已经剃了十年的光头。

2004 年 2 月，我和 *Queue* 编委会的其他成员一起参加月度会议，我们聚在一起，试图为 *Queue* 提出有趣的主题和作者。那时正值这本杂志的早期，刚创办第四年，虽然已经有几期比较成功，但我们没有固定的专栏作家。Eric Allman 邀请我参加编委会会议，然后我为杂志写了几篇文章，并正在与人合著我的第一本书。但我从来没有当过专栏作家，尽管这个想法在当时看起来很有趣——也许是因为晚餐时喝了太多酒，当时我不知道如何着手。

创办"Kode Vicious"专栏的想法实际上最初来自一个更具"礼仪小姐"风格的专栏，基于 Judith Martin 的著名作品，我小时候和妈妈一起读过她的作品。我会用其他人称的方式来写这些文章，这似乎是一个有趣的挑战。第一个名字是 Mother Code，我使用这个角色名向我们的编辑提交了两篇文章。

我们讨论时的一些个性素描可能有助于更好地了解当时的情况：尽管母亲从不严厉地提出建议或批评，但她的信念很坚定。这是一个坚强但灵活和善良的建议者形象。她在每篇文章上都有一句标志性的签名行，比如"别忘了擦鞋"或"记得穿胶鞋"，这与我们的受众有关。比如："记住，在将代码签入源代码树之前，请确保你的代码已构建。"

最后，出于几个原因，这被证明是行不通的。最初的文章不成功，最重要的原因是以其他人称来写作非常困难。虽然一两篇文章可能会以某种完全不同的形式出现，但以更贴近自己的角色来写作要比作为一个完全不同的人来写作容易得多。面对现实吧，我驾驭不了"礼仪小姐"风格。

实际上，我花了很长一段时间来确定要使用的角色，包括一些比较直观的，如"Code Confidential"（代码机密）和"Code Critic"（代码评论家），以及令人尴尬的"Captain Safety"（安全队长）、"Bug Basher"（Bug破坏者）和"Lint Picker"，然后才想到用"Vicious"（邪恶）这个词作为笔名。接下来，它很快就从"Kid Vicious""Code Vicious"和"Vicious Kode"最终变成了听起来比较对的"Kode Vicious"。

随着新名字而来的是一个新的个性素描：

有一颗金子般内心的"坏蛋"。总是愿意教别人，但不想教那些不愿意学习的人。想象一个穿着 Sex Pistols 乐队 T 恤的僧人，你会担心如何带他去吃饭。经常用鼻子来给学生指路。

得以顺利开始。我重写了最初以 Mother Code 身份所写的关于选择编程规范的文章"So Many Standards"，并开始了我的专栏作家生涯。

那么，"Kode Vicious"背后的作者真的是一个大坏蛋吗？他把同事扔出窗外？扎破讨厌的营销人员的轮胎？酗酒？殴打和斥责他的同事？答案既是肯定的也是否定的。

KV 是一位讽刺家，认识我并与我共事过的人可以很容易地看出我是如何在文章中写出我所做的事情的。当然，KV 是我可能想成为的人，或者时不时地变成我的化身。通常，当我参加一些会议，摘下眼镜，大声地把它扔在桌子上，然后用手摸着自己的光头，心想怎么会有人这么笨时，我就想成为 KV。如果你和我一起开会时看到我这样做了，那就说明我觉得刚才说话的人是个傻瓜。事实是，与其去殴打或斥责那些愚蠢的人，不如把这些想法以 KV 的名义写成文章，争取给他们一些帮助。

想想文学对 KV 的影响是很奇怪的，但和其他作家一样，我受好几个人影响，其中最重要的是我的母亲，我在"Standards Advice"[⊖]中提到了她，她是一位严厉的批评家。我最喜欢的作家总是严厉的、直接的、喜欢招惹别人的。老实说，KV 的很多特点是在效仿 Hunter S.Thompson，他写了三本真正伟大的书：*Hell's Angels*、*Fear and Loathing in Las Vegas* 以及 *Fear and Loathing on the Campaign Trail'72*。

另一个直接影响是 *Queue* 本身。15 年来，与我们的编委会成员和客座专家（那些来参加 *Queue* 会议并帮助我们制定议题以及阅读和评论杂志文章的人）交流，是我职业生涯中最令人惊叹的学习经历之一。我很幸运地遇见了一些真正有头脑的人——有点醉心于葡萄酒，粗暴地用牛排刀指着桌子对面的我，告诉我为什么某个想法要么很有趣，要么完全是胡说八道。

我曾多次（包括在一封信中）被问到，我是否既写了问题又写了答案。在我最初写这些文章的时候，没有来信，所以我必须同时写问题和答案。起初这是相当困难的，我会盯着屏幕，离最后期限还有几小时（我总是在最后期限甚至之后提交我的文章），我的编辑栏里除了"亲爱的 KV"之外什么都没有。然后我学到了一个很好的技巧，从那以后我就一直在用。如果素材用完了，我所要做的就是打开一段源代码并阅读它。如果代码写得很好，那么我就可以写出代码的优点，而如果代码写得不好（这是常有的事），那么我只需要等我的血液沸腾起来，然后就可以开始奋笔疾书了。

事实上，我在专栏中既使用了真实的来信，也使用了自己的想法。每当在一段代码、一个项目或者一条新闻中看到一些真正愚蠢的事情时，如果我认为可以把它写成一篇文章，我就会把它记下来。

我还收到了一些可以直接放在专栏问题部分的电子邮件，ACM 会用一个 *Queue* 的小饰品来奖励这些写信人，我相信他们会一生珍藏这个小饰品。哪些是真实来信，哪些是假的？我不说，我的编辑也不知道，所以不要试图在下一次图灵晚宴（Turing Dinner）上贿赂他。

当然，如果没有我的编辑 Jim Maurer，KV 也就不会是现在的我，在过去的 15 年里，Jim Maurer 一直在编校"Kode Vicious"专栏的稿件，把这些疯狂的胡言乱语变成 ACM 不仅会出版，而且会在两本杂志——*Queue* 和 *Communications of the ACM*（*CACM*）上出版的东西。有时我会在正式出版的专栏文章中读到一句非常棒的话，

⊖　https://queue.acm.org/detail.cfm?id=1687192

我总是很感兴趣这是我写的还是 Jim 写的。我要说的是，Jim 把很多普通的稿件变成了真正有智慧和令人愉快的东西，为此我向他表示最深切的感谢。

我计划写这本书已经有一段时间了，但我很难在没有处方药的情况下保持一次写 1500 字以上的"Kode Vicious"专栏文章所需的精力，或者是因为我住在布鲁克林，就在街区的另一头。这本书最终得以完成，得益于 Don Knuth 的一番美言，我曾一度请他写一篇序，然后他在一次会议上说"我为你的书写了一篇精彩的序"，这让我大吃一惊，当时我就知道我必须完成这项工作，否则沉重的罪恶感会要了我的命。

当然，在此期间，我一直也在写专栏文章，因为我的写作灵感来自愤怒，而愤怒是我所擅长的。愤怒也会导致黑暗面，而黑暗面需要缓冲。这本书很明显已经完成了，问题是康复需要多长时间。

George V. Neville-Neil（又名 KV）

纽约布鲁克林

2020 年 6 月 30 日

Acknowledgements 致 谢

出版这本书并不是一件容易的事，我要感谢以下人员，他们把这件事情变成了美好的现实。Pearson 的工作人员，首先是我的编辑 Debra Williams Cauley，她友好地接受了这个项目，总是乐意在我喝咖啡、她喝茶的时候倾听我不成熟的想法。我的制作编辑 Julie Nahil 和开发编辑 Chris Zahn 是把我写作的混乱初稿变成你现在拿在手里的书或在电子阅读器上看到的漂亮文稿的主要负责人。

Tom Lehrer 非常友好地允许我使用他的歌曲《罗巴切夫斯基》（*Lobachevsky*）中的歌词作为我关于"复制"章节的题记。

Eric Allman 和 Kirk McKusick 帮助评审了整本书，这意味着我至少欠他们几顿美餐。他们的意见和指导给了我极大的帮助，让我知道什么时候在正确的轨道上，什么时候已误入歧途。

Matt Slaybaugh 用他的研究和出色的 ACM 数字图书馆技能帮助我为这本书找到了合适的资料来源。

在我负责"Kode Vicious"的整个期间，Jim Maurer 一直是我在 ACM *Queue* 的编辑。15 年来，他一直让我遵守时间表，这是一项不小的成就。当我住在日本的时候，我可以在截止日期上骗一下自己，因为我总是比他早一天。Jim 是最负责任的人，他把我的咆哮变成有趣又具备可读性的内容展示给读者。我和 KV（另一个自我），这么多年以来对他的工作亏欠良多。

我的伴侣 Kaz Senju 一直慷慨地容忍我和支持我，否则，我所做的任何创造性的事情都是不可能完成的。

George V. Neville-Neil 从事安全、网络和操作系统方面的探索、写作、教学和咨询工作。作为 FreeBSD 基金会董事会成员，自 2004 年以来，他一直为 *Queue* 和 *Communications of the ACM* 撰写"Kode Vicious"专栏文章。他是 ACM *Queue* 编委会成员，也是 USENIX 协会、ACM 和 IEEE 的会员。

George 与 Marshall Kirk McKusick 和 Robert N. M. Watson 合著了 *FreeBSD Operating System, Second Edition*[⊖] (Addison-Wesley, 2015) 一书。他拥有美国东北大学计算机科学学士学位。在从事计算机和开源项目工作之余，George 热衷于旅行，会说多国语言，包括英语、日语、法语、荷兰语和一些汉语。他也是一个狂热的自行车爱好者。George 目前住在纽约布鲁克林，尽管他一生中有三分之一的时间都在为各种项目奔波。

⊖ 中文版为《FreeBSD 操作系统设计与实现（原书第 2 版）》(ISBN 978-7-111-68997-3)。——编辑注

Contents 目　录

第 1 章　Chapter 1

手头的代码

欢迎来到软件工作第一线。

——佚名

有些时候，你可能会盯着同一段代码看上几个小时，在理解和扩展方面都没有进展。当你看着满屏的代码，甚至只是一行代码时，你会想到很多关于如何最好地编写你手头的代码的事情，不管它是一个新的领域，还是交给你清理和修复的旧代码。

一般来说，在处理手头的代码时，你应该关注两个主要方面：风格和实质。很多人对编程风格有很多看法，KV 在 5.17 节中提出了自己的观点。任何编程风格最重要的就是拥有自己的风格。KV 不止一次看到看起来就像一封旧的勒索信的代码，或者每隔几行，新的程序员就把它变成他们喜欢的代码，尽管次数有限，但想想就让人烦躁。我不在乎你是喜欢制表符还是空格，但请坚持使用它们当中的一个（而不要混着用）！我们使用视觉系统来理解代码，因此我们必须注意到我们的视觉系统是如何使用和处理信息的。糟糕的代码布局和随机选择的变量名约定会导致出现 bug，因为当我们的视线忙于从面前令人作呕的代码上移开时，通常会错过一些要点，而如果代码具有一致的风格，这些要点就会很明显。编程风格至少需要定义命名规则和缩进方案。命名规则定义了如何选择函数名和变量名。有些语言，比如 Go，在这方面有自己的规定，所以命名方案需要与工作的语言兼容。你喜欢驼峰命名法吗？这很好，就用它吧。那名词 – 动词命名法呢，比如将函数命名为 fileOpen()？在某种程度上，使用 `fileOpen()`、`file_open()` 或 `open_file()` 并不重要，只要你在整个代码中统一使用该模式即可。在同一代码库中同时使用 `fileOpen()` 和 `closeFile()` 是绝对不允许的。

缩进可能是来自不同背景的开发人员之间最常见、最愚蠢的争斗之一。Python 甚至不允许程序员选择缩进量，这是由编程语言决定的。但是对于大多数编程语言来说，我们有 2 个空格、4 个空格和 tab（通常看起来像 8 个空格）的争议。KV 用这三种模式都编写过代码，个人更喜欢 4 个空格，因为它既提供了足够的视觉提示，又不会使深度嵌套的函数偏离到编辑窗口的右侧。KV 唯一讨厌的缩进是 2 个空格，因为即使用上最好的眼镜，也很容易错过代码块缩进的起始位置。

一旦风格确立，就可以考虑代码的实质了，它实际做什么，以及如何实现最初为它设定的目标。一段代码的实质可以分为三类：正确性、简洁性和可组合性。

当然，一段代码应该是正确的（如果不是，那么就有 bug），但是能够判断一段代码是否正确是确定你是否走在正确方向上的一个重要部分。太长的函数，或者试图在一个地方做太多事情的函数，会使判断一段代码的正确性变得更加困难。对于每一个微不足道的数据转换都使用一个函数的倾向也是如此，这会导致出现数百个名称相似的函数，彼此难以区分。

前面的讨论提到了代码中过长和过短的函数，这主要是指代码的简洁性。如果一个函数能够在未来被编写者自己或另一个程序员完全理解，而不需要写注释，那么它就是简洁的。虽然我不期望能够理解我看到的每一个函数，但我确实希望阅读一个函数不超过 15 分钟就能理解它的总体意图。在 BSD 派生的操作系统中，`tcp_output()` 和 `tcp_input()` 函数的早期版本中就有这个概念的经典反例。这是一个众所周知的笑话，这两个函数都很长、很折磨人，而且在第一次、第二次或第五十次阅读时都几乎无法理解。它们非常复杂，以至于进行了一个长达数月的项目，只是为了把它们分解成更简洁和易于处理的东西。人们常说"如果很难写，那么应该也很难理解"，但这与我们真正的目标恰恰相反，我们真正的目标是把复杂的概念分解，使它们能够被理解和自动化，因为自动化是计算机科学的目标，代码就是这样诞生的。一个简洁的函数是对单个相关的计算或转换进行编码，使其可以被理解，在最好的情况下可以被重用，这就产生了我们最后一个概念，可组合性。

庞大而笨拙的函数不仅很难被证明是正确的，而且难以理解，几乎没法组成更大的系统，这是所有软件工程的核心。用一个 `main()` 函数构建一个大型系统当然是可以的，但是有充分的理由说明这是一个糟糕的想法。所有的系统（软件就是一个系统）都是由组件组成的。创造一个好的组件意味着创造一些能够与其他组件有效合作的东西。想象一下我们正在做一张桌子。我们可以去树林里找一棵大树，把它砍下来，然后雕刻成一张最漂亮的书桌，手工精心制作、打磨、密封和涂漆。多年来，这张桌子为我们提供了很好的服务，我们可以坐下来写作，欣赏摆在我们面前的工艺，直到它的某个部件坏了，需要修理。如果我们是用可重复使用的部件做的桌子，那就很简单了，比如，替换掉一条断了或摇晃的桌腿。但是，用一块木头做的桌子，不管一开始有多漂亮，都是不容易维护的。优秀软件的核心是能够调整、扩展和修复你所构建的内容。系统发生变化，预期也会发生变化，如果你的软件不是由易于组合的组件构建的，那么将无法对其进行调整、扩展或修复。

本章包含各类绝望的开发人员的信件，他们无法把视线从屏幕上的代码上移开，尽管他们希望自己可以。在这里，我们会讨论风格和实质这两个问题，并希望 KV 回应的读者可以创造既有风格又有优雅状态的系统。

1.1　资源管理

数据会扩展到填满可用的存储空间。

——帕金森数据定律

软件开发中一个长期争论的问题是：对于一个特定的任务，使用多少内存是合适的？早期的开发人员在内存非常有限的机器上工作，经常会争相看看他们能如何高效地使用这些早期计算机上的内存，这些内存以千字节为单位，有时甚至只有数百字节。摩尔定律使计算机内存变得越来越便宜和丰富，其影响之一是，据说使大多数程序员摆脱了这些有限的内存限制。虚拟内存系统和进程模型以及隐藏内存分配和使用方式的编程语言的出现，使得日常程序员不再那么需要理解他们在程序中使用的资源。让程序员远离内存管理的本质既有好的方面也有坏的方面。从好的方面来说，如果让程序员从担心使用额外的内存会导致程序无法运行的负担中解脱出来，他们就可以更快地创造更多的功能。从坏的方面来说，所有资源最终都是有限的，浪费内存就像浪费任何其他资源一样，会产生实际的后果。不管内存有多便宜，如果你浪费它，最终你也会耗尽它，接下来你怎么办？如果你从来没有与有限的内存空间抗争过，那么你将不得不体会早期的程序员的痛苦教训。

亲爱的 KV：

我一直在为一个高端、高性能网卡重新编写设备驱动程序，并遇到一个资源分配问题。我正在处理的设备有多个网络端口，但它们并不总是在使用中。事实上，我们的许多客户只使用 4 个可用端口中的一个。如果在设备驱动程序第一次加载到系统时，为所有端口分配资源，而不是在管理员打开接口时处理分配，那么将极大地简化驱动程序中的逻辑。我要指出的是，这个设备非常复杂，资源分配并不像动态内存分配、指针抖动和内部的许多移动部件那样简单。

按照现代标准，我们谈论的不是大量的内存，可能是每个端口一兆字节，但如果内存没有被使用，浪费内存或任何资源仍然会让我感到困扰。我是经历过只有64KB内存的8位计算机的人，而编写这些程序给了我一种强烈的内在动力，那就是永远不要浪费一字节，更不用说一兆字节了。什么时候可以分配可能永远不会被使用的内存，即使这可能会降低代码的复杂性？

Fearful of Footprints（占用空间的恐惧者）

亲爱的Footprints：

你的问题很容易回答。有时分配可能永远不会被使用的内存是可以的，有时分配相同的内存是不合适的。啊，这些是程序员对问题没有得到黑白分明的答案而发出的尖叫吗？好玩儿！

软件工程是关于权衡的研究，这让你我都很懊恼。时间与复杂性，权宜之计与质量，这些都是我们每天要面对的选择。对于工程师来说，可能每一年或每两年定期重新审视自己的预期是很重要的，因为我们工作的系统很快会在我们的手下发生变化。

关注自己使用的系统的程序员（我知道我的每一位读者都在关注）已经看到这些系统在过去的五年里发生了巨大的变化，就像之前的五年一样，以此类推，直到回到第一台计算机出现时。虽然处理器频率扩展可能暂停了一段时间（我们将看到这段时间会持续多久），但内存的大小仍在继续增长。使用64GB和128GB内存的单个服务器并不少见，这种可用内存的爆炸性增长导致了一些非常糟糕的编程实践。

盲目地浪费内存等资源确实很愚蠢，但在本例中，这不是工程上的权衡，而是一个程序员远离他们的机器而试图"只是让它能够工作"的例子。那不是编程，那只是打字。值得给他们较高职级和高薪的软件工程师与程序员都知道，他们不想浪费资源，所以他们试图弄清楚最好和最坏的情况分别是什么，以及它们将如何影响系统的其他可能用户。这里大多数情况下，"用户"是指其他程序，而不是其他人，但我们都知道，当系统开始将内存中的内容交换到辅助存储时会发生什么。没错，你的开发运维人员会在凌晨3点给你打电话尖叫。

你提到此软件是为"高性能"设备设计的，如果你的意思是它在常规的64位服务器级机器中运行，那么没有人会真正注意到1MB，或者4MB，甚至8MB。高端服务器级机器的内存不可能少于4GB。即使你在系统启动时分配了4MB，这也只是可用内存的千分之一。Java程序员只是在启动线程时就要比这消耗得多得多。你真的会担心不到千分之一的内存吗？

如果你告诉我这个驱动程序是用于某些内存大小有限的嵌入式设备，我会给出其他建议，因为那个系统可能没有 4GB 的内存。但话又说回来，目前大多数手机和平板电脑也可能真的有 4GB 内存。

当人们说"不浪费，不奢求"时，他们通常是对的，但适度控制你的节制也很重要。

KV

1.2　大内存

没有人需要超过 640KB 的内存。

——比尔·盖茨（但他否认说过这话）

　　在我作为 Kode Vicious 的这些年里，计算机中常规的内存大小已经从几兆字节增加到了数千兆字节，硬盘容量也已经达到 TB 级，但我们似乎永远没有足够的空间来容纳所有希望处理的数据。就像我奶奶过去常说的"你的眼睛比你的肚子大"，尽管我认为她不是在讨论内存的大小。似乎无论我们拥有多大的空间，我们总是需要更多的空间，但是，我们真的需要吗？

　　对这一趋势的唯一反压力可能出现在嵌入式系统领域，随着物联网（IoT）的出现，嵌入式系统现在变得更为主流。过去，从事嵌入式计算领域工作的只有一小部分专家，他们为飞机、火车和汽车构建系统，而这些系统正是我们继续看到小内存的地方。尽管大多数以物联网命名的系统拥有比以前更为深入的嵌入式系统更多的内存，但它们仍然远远落后于数据中心中更大的、基于服务器的同类系统，其主内存以兆字节或千兆字节为单位。随着廉价计算设备的不断普及，新一代程序员必须再次学会珍惜宝贵的内存资源，并学会有效地使用它们。

亲爱的 KV：

　　我一直在处理一个用 Java 编写的大型程序，这个程序大部分时间似乎都在要求我重新启动它，因为它的内存不足。我不确定这是我使用的 JVM（Java 虚拟机）中的问题，还是程序本身的问题，但在这些频繁的重启过程中，我一直想知道为什么这个程序会如此臃肿。我原以为 Java 的垃圾回收器可以防止程序耗尽内存，尤其是当我的笔记本电脑有很多内存的时候。似乎 8GB 已经不足以处理现代 IDE 了。

Lack of RAM（内存不足）

亲爱的 Lack：

8GB？！你只有这些吗？你是在计算机即将消亡的沙漠荒地给我写信吗？在我们这个时代，没有一个头脑正常的人会运行一台内存小于48GB的机器，至少没有一个人想要运行某些非常特殊的 Java 代码。

虽然我很想用几百个字来抨击 Java，因为像所有语言一样，它也有很多缺点，但你看到的问题可能与垃圾回收器中的 bug 无关。它与你正在运行的代码中的 bug 有关，也与人类思维中的某些基本错误有关。我将依次指出这两个问题。

代码中的 bug 很容易描述。任何将内存管理从程序员手中转移到自动垃圾回收系统的计算机语言都有一个致命的缺陷：程序员可以轻松地阻止垃圾回收器工作。任何继续具有引用的对象都不能被垃圾回收，因此无法释放回系统内存。

粗心的程序员不释放他们的引用会导致内存泄漏。在有许多对象的系统中（Java程序中几乎所有的东西都是对象），一些小的泄漏就可能会很快导致内存不足错误。这些内存泄漏很难找到。有时它们存在于你自己正在处理的代码中，但通常它们存在于你的代码所依赖的库中。如果不能访问库代码，这些 bug 就不可能修复，即使可以访问源代码，谁会愿意花时间去修复别人代码中的内存泄漏呢？我当然不会。摩尔定律经常保护傻瓜和小孩免受这些问题的影响，虽然 CPU 频率扩展已经停止，但是内存大小依然在继续增长。当你的老板尖叫着要发布你正在开发的下一个版本的时候，为什么还要费力去寻找你代码中的小漏洞呢？"系统一整天都没出故障，发布吧！"

第二个 bug 的危害性要大得多。有一件事你没有问，"为什么我们的系统中有一个垃圾回收器？"我们有一个垃圾回收器的原因是在过去的某个时候，有人，嗯，真的，一群人想要解决另一个问题：有些程序员无法管理自己的内存。C++ 是另一种面向对象的语言，当程序执行时，也有很多对象浮动。众所周知，在 C++ 中，对象必须使用 new 和 delete 来创建或销毁。如果它们没有被销毁，那么就会发生内存泄漏。在 C++ 中，程序员不仅必须管理对象，而且可以直接访问对象底层的内存，这将导致不守规矩的程序员去碰他们不应该碰的东西。C++ 运行时并没有说，"碰坏了，叫大人来，"但这就是分段错误的真正含义。根据你的观点，垃圾回收要么是为了将程序员从手工管理内存的枯燥中解放出来，要么是为了防止他们做坏事。

问题是我们用一组问题换了另一组问题。在垃圾回收之前，我们会忘记删除一个对象，或者错误地重复删除了它；在垃圾回收之后，我们必须管理对对象的引用，老实说，这与忘记删除对象是完全相同的问题。我们用指针交换了引用，但这并不明智。

KV 的长期读者都知道"撒手锏"永远不会起作用，必须非常小心地保护程序员不受他们自己的影响。创建垃圾回收语言的一个副作用是，让虚拟机管理内存的开销对于许多工作负载来说太高了。性能损失导致人们构建了庞大的 Java 库，这些库不使用垃圾回收，并且必须手动管理对象，就像他们使用 C++ 语言一样。当你的一个关键特性的开销如此之大，以至于你自己的用户创建了巨大的框架来避免该特性时，就会出现严重的问题。

目前的情况是这样的：C++（或 C）程序，在拥有大量内存的现代系统中，一般看不到内存不足的错误，而是会看到分段错误或内存崩溃的问题；如果你运行的是用 Java 编写的程序，那么你最好花钱购买所有你能负担的内存条，因为你会需要它们。

KV

1.3 代码排列

我们只是在重新排列泰坦尼克号上的躺椅。

——管理格言

有时，软件中的问题不仅涉及代码行，还涉及包含这些代码行的文件的排列和使用方式。软件开发完成的不仅仅是一个接一个地输入成千上万行的代码，还有组合的过程。写得好的软件要按照便于他人使用的方式进行排列，否则你可能会把整个程序变成一个只有一个函数和超过 10 000 行代码的文件。这点好比园艺，我们接下来会讨论这个问题。

亲爱的 KV：

在过去的一年里，我一直在为我的公司维护一组库。这些库用于连接我们出售的一些特殊硬件，我们出售给最终用户的所有代码都是在这些库的基础上运行的，几乎是直接与我们的硬件交互。应用程序的程序员不断地绕过库来直接与硬件对话，这导致我们的系统出错，因为库代码维护硬件的状态。如果我将库设置为无状态的，那么每个库调用都必须与硬件交互，这将降低库和所有使用它的代码的运行速度。你认为让人们在不绕过库的情况下真正调用他们所需要的特性的正确方法是什么？

Tired of the Reach Around（厌倦了绕过）

亲爱的 Tired：

我发现，让人们正确使用库的最好的方法是在小组会议上问一些让他们尴尬的问题，比如："你对'干净的 API'设计的哪个部分不理解？"我通常会大声地问这个问题，然后尽力让我脖子和头上的血管开始疯狂地抖动。我发现，对我的同事、银行柜员、排着长队结账的人，以及那些觉得需要在拥挤的地铁上站在我旁边的人来说，用一种近乎疯狂的举止都能达到我想要的效果。另一种选择是查看每一次签入，并更改每个程序以遍历你的库，这可能会很烦琐，但不要排除这种选择。你不会是第一个走这条路的程序员。老实说，除非你喜欢整天受到威胁，但我听说这不是大多数人的正常状态，否则你可能必须找出这些所谓的应用程序的程序员想要什么，并设法满足他们的需求。

一个好的库就像一个花园："在花园里，草木生长顺应季节，有春夏，也有秋冬，然后又是春夏，只要草木的根基未受损伤，它们将顺利生长。"园丁强斯（《富贵逼人来》，1979）其实并没有多少关于编程或经济学的知识，那完全是另一回事。事实上，我们可以从一个特殊类型的园丁那里学到如何编写一个高效的库。

请思考下面这个故事。一位园丁的任务是放置铺路石，这样人们可以通过并欣赏植物和花卉，以及到达花园的另外两边。一个星期后，花园的主人走进花园，看看工程进展如何。令他吃惊的是，任何地方都没有放石头。花园是原始状态，没有小路。他以为园丁一定在忙着照料花草树木，于是决定不理会他所看到的情况，回到他的办公室继续工作。第二个星期过去了，主人再次走进花园，看看有什么进展。他更加震惊了，园丁似乎继续无视他对铺设一条便于行走的花园小径的要求。第三个星期过去了，仍然一点进展都没有，主人很生气，怒气冲冲地去找园丁。

主人问园丁："已经三个星期了！为什么你连一块铺路石都没有铺？花草会因人们随意穿越而被踩踏坏的！"

园丁显然震惊地看着他的主人说："但是，先生，在人们告诉我他们将从哪里走之前，我怎么知道把小路铺在哪里呢？"然后他让主人跟着他到花园里去。当他们到达时，他向主人展示了如何在最多人需要穿过的地方铺设小路，而不是在草地上随意铺条路。他转身对主人说："现在我能看到路了，我就可以铺石头了。"

如果你想让人们使用你的库，那么你需要找出他们为什么要绕过它，并尝试满足他们的需求。库不是为你服务的，而是为他们服务的。

KV

1.4　代码滥用

> 复制少量代码可能比为一个函数引入一个大的库要好。依赖性是代码重用的基础。
>
> ——Rob Pike

代码重用和代码滥用之间的界限可能很清楚，我们往往倾向于赞同代码重用，而贬低代码滥用。这就有了"一个程序员的宏是另一个程序员的库"等诸如此类的废话。考虑到软件的可塑性，有时很容易重用一段代码，而这段代码实际上并不符合我们原本试图想达到的目的，这就是代码滥用，而不是重用。

亲爱的 KV：

在最近的工作间歇期里，我一直在清理一些库，删除死代码，更新文档块，并修复一些恼人但并不严重的小 bug。在这个过程中我发现有些库不仅被使用了，而且被滥用了。事实上，每个人以及与他们志同道合的人都会在他们能想到的任何事件中使用计时库，这并不算糟糕，因为它是一个定期调用代码的库（虽然有些事件似乎根本不需要成为事件）。当我意识到一些程序员使用我们的 socket 类来存储字符串，仅仅是因为这些类碰巧附带了一些变量存储，并且其中一些在整个系统中都是全局可见的，这简直是在浪费时间。我们确实有可以轻松使用的字符串类，但这些程序员就是要滥用手头的任何东西。这是为什么呢？

Abused API（滥用的 API）

亲爱的 Abused：

正如你刚刚发现的那样，软件不属于现实世界的一个原因是，它更具有可塑性。虽然你可以用锤子把螺丝当作钉子，但你很难用盘子当叉子。我们能够将软件转化成原作者绝对预想不到的样子，这既是一种祝福，也是一种诅咒。

现在我知道，你说你已经在使用说明中清楚地标注出如何正确使用你所编写的 API，但是这些警告说明就像黄色警示带对于纽约的乱穿马路者一样。除非他们和他们想去的地方之间真的有一条燃烧的护城河，否则他们就会走过去，而且几乎不会在警示带处停留。

给程序员一个钩子或 API，你就知道他们会滥用它。因为这些程序员非常聪明，对自己有着相当积极的看法，而不管是否属实。被滥用最多的 API 是最通用的，例如用于分配和释放内存或对象的 API，特别是允许通过代码块进行任意数据流水线处理的 API。

用于在流水线中转换数据的系统很容易被滥用，因为它们经常以令人难以置信的通用方式编写，在程序员面前只是一组简单的构建块。当然，你可能会说这些代码是作为网络代码、终端 I/O 或磁盘事务的构建块编写的。但不管你编写它们的目的是什么，如果它们足够通用，就算你把它们放在一个阴暗的角落，只要其他程序员可以找到，那么下次你再看到它们时，它们可能已经以你无法识别的方式被使用了。更棒的就是，当人们滥用你的代码时，又要求你按照他们想要的方式工作。我太喜欢这样了，真的喜欢……不，我不！！！

在各种 UNIX 系统中处理硬件的终端 I/O 就是一个例子。终端 I/O 系统处理各种硬件终端固有的复杂性。对于那些还太年轻而从未使用过物理终端的人来说，它是一个连接到大型机或小型计算机的单一用途设备，允许你访问该系统。它通常只有一个 12 英寸（约 30.48cm）的对角线屏幕，有 24 行 80 个字符，外加一个键盘，没有窗口界面。终端程序（如 xterm、kterm 和 Terminal）只是硬件终端的软件实现，通常以数字设备公司的 VT100 为模式。

回到硬件终端普遍使用的时代，每个制造商都会添加自己的特殊控制序列，有时非常特殊，这些控制序列可用于获取光标控制、反相视频显示和仅存在于一种特定型号上的其他模式等功能。为了处理各种终端供应商造成的混乱，UNIX 的主要变体（如 BSD 和 System V）创建了终端处理子系统。这些子系统可以从终端获取原始输入，并通过引入理解各种终端实现的软件层，转换 I/O 数据，从而就可以编写通用的程序完成将光标移动到屏幕左上角等操作。该操作将在用户当时使用的任何硬件上忠实地执行。

然而，在 System V 的情况下，相同的系统最终被用于实现 TCP/IP 协议栈。乍一看，这是有一定道理的，因为毕竟网络可以很容易被理解为一组模块，这些模块接收数据，以某种方式修改数据，然后将数据传递到另一层进行再次修改。最终得到一个用于以太网的模块、一个用于 IP 的模块，以及一个用于 TCP 的模块，然后将数据传递给用户。问题是终端速度慢，网络速度快。当数据速率为 9600bit/s 时，模块间传递消息的系统开销并不大；但当它达到 10Mbit/s 或更高时，突然之间，系统开销就变得非常重要了。以这种方式在模块之间传递数据所涉及的系统开销，是 System V STREAMS 如今鲜为人知或很少使用的原因之一。

当最终淘汰所有这些终端 I/O 处理框架（如果有的话，也只有很少的硬件终端仍然在使用）的时候，它们被扩展的用途就变得显而易见了。有些事情是使用终端 I/O 系统来实现的，几乎是作为一种将数据输入和输出操作系统内核的方式，与任何形式的实际终端连接完全无关。

这些系统如此容易被滥用的原因是它们被编写得易于扩展，而一个程序员的扩展就是另一个程序员的滥用。

KV

1.5　嵌套倾向

世界在海龟背上。

——印度神话

在编程的诸多挫折中，试图找到隐藏在 include 文件的分支森林深处的结构或变量的定义排名非常靠前。即使使用代码挖掘工具（参见 2.5 节），这项任务也往往不是那么简单。在让所有这些搜索变得像大海捞针一样之前，我们也许应该更仔细地思考一下希望构建的 include 树的深度或广度。

亲爱的 KV：

一位同事最近批评我将一个 C 文件包含在另一个 C 文件中。虽然这可能不是很多人构建软件的方式，但这样做似乎并没有错，而且编译器也没有报错。这样做真的错了吗，还是仅仅不正规罢了？

All in One and One in All（一体化）

亲爱的 All in One：

有许多情况编译器是不会报错的。与人不同，编译器没有道德感，因此对是非的认识非常有限。大多数人比编译器更能辨别是非——大多数人，不是所有人。显然，你是那些道德感不强的人之一。因为如果你有，你甚至在给我发电子邮件之前就会意识到你所做的事是错误的。那为什么是错的呢？

不把一个 C 文件包含在另一个 C 文件中的最简单原因是，它混淆了代码片段之间的关系。我在实践中见过几次这样的事情，都是在一个 C 文件的末尾进行的，有点像在一个文件的末尾添加了另一个文件。例如，如果你没有读到文件最末尾，你就永远不会知道正在查看的代码在被编译时就已经构建了一个（或多个）文件。这样的惊喜对于程序员来说是最讨厌的。这就像抓起一个袋子，你以为里面有几个面包，结果发现袋子底部有个铁砧。

如果你需要在两个地方使用同一段代码，不要在两个地方都 #include 它，而应该把它作为一个单独的模块来构建，并在构建最终可执行文件时使用链接器将各个部分放在一起。

现在不再是 20 世纪 50 年代的编程了，我们也不再用纸带库来构建程序，即用较小的纸带片段拼接成一个程序。在一个有链接器、加载器和编译器的环境中，能够生成和处理独立的模块，也就没有任何借口将一个可编译文件包含在另一个文件中了。

KV

1.6　令人窒息的变化

任何事情都应该做到最简单，而不是相对简单。

——阿尔伯特 · 爱因斯坦（Albert Einstein）

下面这篇文章是在分布式版本控制系统（如 git）被广泛使用之前的几年写的。现在，在我的日常编程生活中，我经常想到这篇文章，通常和我把大多数其他程序员的分支合并到自己的分支上一样频繁。在一个最终会被合并到主线的分支上单独下功夫，只会加剧一些程序员的倾向，即做大量不相关的修改，然后把所有这些作为一大块推送，在下次合并时必须打碎牙往肚子里咽。尽管所有关于 DVCS 工作的指导都禁止如此，但仍有一小部分顽固派程序员根本不明白这一点，即改动应该尽可能地小，并且容易被作者和最终的读者所理解。

亲爱的 KV：

最近我被我的老板骂了一顿，因为我对我们的系统做了一个大的改动。我不认为它很大，只有大约 20 个文件和几千行代码，但我被迫撤回了这些改动，然后把它分成小块程序提交到我们的存储库。虽然然我理解人们不喜欢大的改动，因为它们可能会破坏稳定性，但所有这些代码都是相互关联的，真的无法巧妙地分解成更小的工作块。根据你的经验，单次签入的最佳规模是多大？

Lot o'Lines（很多行）

亲爱的 Lot：

首先，我很怀疑你是否被老板责骂了。我敢肯定 HR 会反对在工作场所侮辱工程师或任何其他人。

更为认真地来说，对于一个源码库应该允许多大的签入这个问题，并没有一个硬性的答案。一些功能或 bug 修复需要对代码库进行广泛的修改。

我认为许多经验不足的工程师和经理都误以为，bug 修复通常需要更改少量代码，而功能则需要大量的代码行。如果大多数 bug 是由一个错误或其他难以发现但易于修复的单行代码引起的，那么这样认为是正确的，但事实并非如此。通常 bug 是普遍存在的，它会感染整个代码库。一个普遍存在的 bug，通常是由于错误的假设被编写到整个系统中，导致修复时涉及许多（如果不是大多数）文件。当需要这样的修复时，一下子签入所有更改是有意义的。同时，不在所有地方修复同样的 bug 几乎没有任何意义。

许多程序员是在他们运行代码的时候遇到的麻烦。运行代码就是单纯的运行语句。你正在开发一个功能，但是你发现了一个 bug，然后你意识到还有另一个相关的 bug，你就修复了第二个 bug，但这导致了你遇到第三个问题，你也修复了这个问题，而此时你的项目负责人需要你实现在发现第一个 bug 时处理的那个功能，因此你返回去开发那个功能，但还没有签入任何的修复，因为你需要有完整的功能来测试这些修复，最后你就像我们的读者一样，气喘吁吁，记不起整个事情的起因。

作为一名工程师，一部分工作就是把大型系统或问题分解成足够小的块，以便你和你的大多数同事（我的意思是合作者）能够理解和消化。没有人愿意一口气读完分布在 20 个文件中的 2000 行代码。你可能花了一周多的时间来开发这个功能并修复这些 bug，而且你不应该期望人们能够在短短几分钟内，通过阅读你提交的冗长的说明性信息来快速了解你所做的事情。

拆分大规模提交代码的最后一个原因是，如果有人在你所编写的某些部分中发现了 bug，那么就有可能回滚较小的更改，并保留你所完成的其余工作。如果不是这样，那么就需投入大量工作，然后不停地打补丁，打补丁，打补丁，这是草率和令人厌烦的。

我的指导方针很简单。如果你更改了一个 API，那么一次性更新它和它的所有调用方。如果你修复了三个 bug 并添加了一个功能，则需要进行四次不同的签入。

KV

1.7　被诅咒的代码

也许你在演讲中不应该像对待朋友那样说话。

——我在大学里第一次公开演讲后收到的建议，
我使用了许多在布朗克斯大街上可以用但在学校里不能用的词

程序员通常认为他们用代码编写的东西是自己与机器之间的一种私人交流方式，但这大多是一种错误的假设。其他开发人员不仅会看你的代码，还会看你留下的注释和其他东西。

有很多东西在我们的头脑中听起来很好，但写下来就不一样了，重要的是，在我们的编程职业生涯中应尽早了解到这一区别。当然，在看着我们的作品或别人的作品时，我们都有过那种沮丧的状态，想用一连串有趣的隐喻来发泄，但这些隐喻最好是对着墙大声喊出来，而不是永远保存在源代码控制系统中。我只能想象，一些公司，其中最著名的是微软，为所有开发人员提供了有硬质墙体的办公室的原因之一是，为了让他们有东西可供发泄，朝它扔橡皮泥和鼠标之类的东西。

由于软件开发的目的是生成一个多人共享的作品，因此编程应该更多地被视为是一种公开的行为，而不是私人的事情，因此我们应该仔细考虑我们要表达什么，以及如何在代码、注释和其他地方表达它。

亲爱的 KV：

我当前项目中的一个人一直在抱怨我在代码中使用了"丰富的隐喻"。虽然我知道我不应该向我们的源代码库签入这些东西，但我不明白当他在我的屏幕上看到这些东西时，为什么会抱怨。我主要使用这些词来描述调试消息，因为它们足够震撼，足以从软件生成的其他日志消息中脱颖而出。我真不敢相信 KV 会反对程序员在日志消息中添加些调剂。

Kolorful Koder（多彩的程序员）

亲爱的 Kolorful：

考虑到我在本专栏中写的一些内容，我可以理解为什么你会认为我可能是一个使用丰富隐喻的专业户。你是对的，我的同事可以告诉你。

不幸的是，至少对你来说，在这场争论中我不得不站在你的同事一边。虽然我相信你已经认真地标记了代码中可能出现有趣隐喻的每个地方，并使用了众所周知的注释"XXX 删除这个！"事实是，如果你经常这样做，总有一天，而且通常是在相当错误的一天，你会忘记的。你可能认为自己不会，但对于最终的大麻烦来说这种风险并不值得。我经历过这种麻烦，我很高兴，这一次，问题不是我的错。

十多年前，我在一家生产软件 IDE（集成开发环境）和一些相关的底层软件的公司工作。该 IDE 在特定平台上的限制之一是，IDE 保存的每个项目都必须有一个适当的扩展名：那些圆点后面的字母，它们提供了关于刚刚保存的文件类型的线索。虽然程序员已经非常习惯于给他们的文件起诸如 notes.txt、main.c 和 stdlib.h 之类的描述性扩展名，但事实证明，并不是每个人都熟悉这种命名标准，有些人甚至更喜欢没有任何标识扩展名的名称，如 Project1 和 Project2。

在 IDE 上工作的程序员决定，如果他的程序的用户拒绝为项目文件名添加扩展名，那么他将为他们添加一个。他选择了一个与 duck（鸭子）押韵的四个字母单词。我不确定他是想在发行版中就发布这一内容，作为提示拒绝使用文件扩展名的客户的一种方式，还是他计划在发行版发布之前更改这一点，但最终这并不重要。在 IDE 的 1.0.1 维护版本发布后的几天内，发布了一个 1.0.1b 版本，并进行了一次更改。我不记得 b 版本是否有说明更改了什么，但所有从事该软件开发的工程师都知道真正的原因。

令人惊讶的是，做这件事的程序员竟然保住了他的工作。我怀疑有两个原因，第一个原因是他实际上是一个非常优秀的程序员，第二个原因是他是公司里唯一一个愿意在他所负责的平台上支持 IDE 的人。

虽然这是一个因有趣隐喻而出错的非常极端的例子，我也知道有些程序员会在注释中留下粗口，但我不得不说，我也不喜欢这样。

你的代码是你的遗产，虽然你的母亲可能永远不会看到它，但你仍然应该只签入那些若她选择阅读它而不会感到震惊的代码。

KV

1.8 强制异常

程序员经常生气是因为他们经常害怕。

——Paul Ford

有人可能会说，软件业，乃至大多数以技术为重点的行业，都充斥着傲慢和迁腐。有时，这种傲慢和迁腐会转化到我们的代码里，大多数情况下是那些我们用来创建软件的语言和工具的基础代码里。迁腐有好处也有坏处，但当我们拥有未经审视的迁腐时，我们最容易陷入麻烦。

亲爱的 KV：

我订阅了 *The Morning Paper*，这是一份由 Adrian Colyer 策划的每日摘要。他负责整理研究论文，并将论文发送给感兴趣的读者（https://blog.acolyer.org）。

去年秋天，他评论了"Simple Testing Can Prevent Most Critical Failures: An Analysis of Production Failures in Distributed Data-Intensive Systems"（https://blog.acolyer.org/2016/10/06/simple-testing-can-prevent-most-critical-failures/）。里面有一些令人惊讶的结果，包括：

- ❑ 几乎所有灾难性故障（总共 48 个，占 92%）都是由于对软件中明确标注的非致命错误的错误处理造成的。
- ❑ 在错误处理程序的注释中使用 TODO 或 FIXME。此例使一个拥有 4000 个节点的生产集群瘫痪。
- ❑ 用错误处理程序捕获抽象异常类型（例如 Java 中的 Exception 或 Throwable），然后采取极端操作，如异常中止系统。此例使一整个 HDFS（Hadoop 分布式文件系统）集群崩溃。

这份清单不止于此。

我阅读 KV 已经有一段时间了，当我阅读这个评论和论文时，我感觉你会感兴趣，所以我把链接也发给你了。

Helpfully Not in Error（还好没有错）

亲爱的 Helpfully：

是的，KV 也读 *The Morning Paper*，尽管我不得不承认，我不会阅读收件箱里收到的所有内容。当然，你提到的论文激起了我的兴趣，你没有指出的一件事是，它实际上是一篇关于分布式系统故障的研究。现在，我们如何让编程变得更难呢？我知道！让我们在单个系统上选择一个问题并将其散布出去。我希望有一天能看到一篇论文，告诉我们分布式系统中的问题是否会随着节点数量或互连数量的增加而增加。作为一个乐观主义者，我只能想象是 $N(N+1)/2$，或者更糟。

我不认为你指给 KV 这篇论文只是为了听我在思考分布式系统时把头撞到桌子上发出的"梆"的一声，所以让我们假设你在问"为什么"的问题："为什么这篇论文中 92% 的灾难性故障是由于未能处理好非致命错误造成的？"

好吧，让我们看看这篇论文还有什么要说的，然后想想软件在现实世界中是如何实现的，而不是我们认为它应该如何在管理和营销所在的虚幻世界中实现。

要了解为什么非致命错误可能会导致致命错误的核心问题，我们只需要看看这篇论文中的这段文字："这种差异可能是因为：1）Java 编译器迫使开发人员捕获所有受检异常；2）在大型分布式系统中可能会出现各种各样的错误，并且开发人员的编程更具有防御性。然而，我们发现他们在处理这些错误时往往草草了事。"[注]

希望任何一个已经做了几天专业程序员的人都知道，许多开发人员总是会编写他们最感兴趣的代码，或者迫于压力需要首先交付的代码，这通常不是错误和异常处理代码，也不是测试代码，更不是文档，后两者我已经向读者长篇大论过，不再赘述。管理层和团队其他成员想要的是"代码"，而大多数人认为的"代码"只是明确地完成预期工作的那部分代码。甚至不完全是别人的要求导致了这种狭隘的认知，对于编写代码的人来说，通常处理错误没有得到结果那么有趣。看起来，许多程序员只是想移动这些比特，整理那些数据，并展示最终那个有猫的图片。

事实上，通过这一发现，我们可以清楚地看到程序员对代码中错误处理部分的重视程度："注释中带有 TODO 或 FIXME 的错误处理程序。"就我个人而言，我更

⊖　https://www.usenix.org/system/files/conference/osdi14/osdi14-paper-yuan.pdf。

喜欢 ×××，因为它让我想起了 20 世纪 90 年代初在阿姆斯特丹的时候，除非你在某些行业工作，这些行业可能也提供照片，并且可能还提供猫的照片，否则你不太可能在代码中找到 ××× 作为一个变量。

我们可以从以下两个方面来看 Java 编译器强迫程序员捕获所有未受检异常的事实。如果我们是慈善机构，而 KV 是慈善事业的核心和灵魂，那么我们假设 Java 语言和编译器开发人员只是简单地帮助程序员减少错误，并确保他们的代码不仅能做它应该做的事情，而且在事情出错时也能正确地运行。

如果我们不那么仁慈，或者更加诚实和现实，那么我们对这种强制执行的看法就会截然不同了：这是赤裸裸地企图控制程序员，让他们做语言和编译器开发人员认为正确的事情。"程序员不会做适当的错误处理。我知道，我们会让他们处理错误，否则他们的程序根本无法编译！"我相信这句话是以学校老师霸道的口吻说的。"给你的字母 i 加上点！你要捕获到所有的异常！"只不过，与给 i 加上点不同的是，有一些方法可以绕过处理本应处理的异常。赶时间吗？那就在注释中添加一个 TODO 或 FIXME 或 ×××，然后继续。你稍后还会回来的……你当然会的。

在这种情况下，双方都有一点错误。我们都可以指责在代码中留下一连串 FIXME 的人，但我们当中有谁在这方面没有责任呢？我们也可以责怪那些书呆子，他们认为强行抓取每一个异常是在帮我们的忙。在编程中，你永远不能忽视人为因素。对于你试图强加给别人的所有事情，如果可能的话，他们都会努力避免。工具构建者需要明白，使用这些工具的人通常试图以最少的努力完成一项非常具象的工作。在工具中加入强制异常处理是错误的吗？也许是，也许不是。在有时间和倾向于做正确事情的人手中，这些错误是很受欢迎的，可以用来发现他们确需处理的问题。

很明显，在很大一部分从事最复杂系统工作的程序员手中，这个功能实际上是一个讨厌的东西，现在可能是时候重新考虑如何处理这一特定的异常了。

KV

1.9　一段不错的代码

好的程序是 99% 的汗水和 1% 的咖啡。

——佚名

我的大部分时间都花在查看代码上，一些好的代码可以被认为是未加工的钻石，而一些坏的代码可以被认为是一堆热气腾腾的驼鹿粪便馅儿的馅饼。多年来，我一直试图把一些比较好的作品拿出来，并把它们作为我在软件开发中可能发现的好的和正确的例子来分享。软件开发中的好与坏这个主题可以写很多本书，而你将看到的许多建议，最终都会与自身和其他人存在矛盾。我认为有几条比较简单的规则值得在这里分享。代码需要能够被原始作者以外的人阅读，需要被分解成足够小的片段，以便随着时间的推移可以容易地组合成不同的形式，可以测试，并且有文档记录。这看起来很简单，那么为什么人们如此难以遵循呢？

亲爱的读者：

除了拥有像样的文档、适当的缩进和合理的变量名等显而易见的好特性之外，能让我真正喜欢一段代码的原因之一就是函数或子系统能被正确复用。在过去的一个月里，我一直在阅读 IP 防火墙（IPFW）代码（由比萨大学的 Luigi Rizzo 编写），它是 FreeBSD 提供的防火墙之一。像任何防火墙一样，IPFW 需要检查数据包，然后决定将该数据包丢弃、修改或原封不动地传给系统。在评审了几个做类似工作的软件之后，我不得不说，IPFW 在复用它周围的代码方面做得最好。这里有两个例子。

防火墙的一部分工作就是对数据包进行分类，然后决定如何处理它们。有几种方法可以做到这一点，但 IPFW 所做的就相当优雅。它复用了内核中另一个地方的一个久经考验的想法，即伯克利数据包过滤器（Berkeley Packet Filter，BPF）。BPF 使用一组操作码对包进行分类，这组操作码类似于处理网络包头以确定包是否与用

户指定的过滤器匹配的机器语言。与手工编码供以后使用的规则相比，使用操作码和
状态机对数据包进行分类，可以使数据包分类器的实现更加灵活和紧凑。IPFW 扩展
了可用于对数据包进行分类的操作码集，但其思想是完全相同的，生成的代码易于阅
读和理解，因此更易于维护，并且不太可能包含容易让恶意包通过的 bug。在 IPFW
中执行所有防火墙规则的整个状态机只有 1200 行 C 代码，包括注释。使用一组操作
码来表达数据包处理规则的另一个优点是，整个 C 代码块（实际上是字节码解释器）
可以由优化编译器生成的实时编译代码替换。这将带来数据包处理速度的更大提升。

　　一个更直接的复用例子是 IPFW 如何直接复用内核的路由表代码来存储它自己的
地址查询表。防火墙中的许多规则都引用数据包的源地址或目标地址。虽然你可以
编写自己的例程来存储和检索网络地址，而且很多人都这样做了，但没有必要重写
此代码，特别是当你的防火墙代码已经被链接到一个有这种例程的程序中时。内核
中的 radix 代码可以管理任何类型的键/值查找，尽管它针对处理网络地址和相关掩
码进行了优化。IPFW 表管理代码实际上只是对 radix 代码的简单包装，如下面的查
找代码所示：

```
int ipfw_lookup_table (struct ip_fw_chain * ch,
                       uint16_t tbl,
                       in_addr_t addr, uint32_t * val)
{
  struct radix_node_head * rnh;
  struct table_entry * ent;
  struct sockaddr_in sa;
  if (tbl >= IPFW_TABLES_MAX)
  return (0);
  rnh = ch->tables[tbl];
  KEY_LEN(sa) = 8;
  sa . sin_addr . s_addr = addr;
  ent = (struct table_entry *)
          (rnh->rnh_lookup(&sa, NULL, rnh));
  if (ent != NULL) {
    * val = ent->value;
    return (1);
  }
  return (0);
}
```

　　这段代码所做的就是获取 IPFW 理解的参数，例如规则链（ch）、地址表（tbl）和
要查找的地址（addr），并将其打包，使之能被第 14 行调用的 radix 代码所使用。该
值在函数的最后一个参数中返回。表管理代码中的所有其他函数（添加、删除和列出
表中的条目）看起来都非常相似。它们是 radix 代码的封装器。像 IPFW 那样将路由

表代码当作一个库来处理，意味着不需要编写那么复杂和乏味的代码，并且只需 200 行 C 代码（包括注释）即可实现网络地址表。正是这种复用，而不是我经常遇到的那种折磨人的复用，使我对这段代码大加赞赏。

别担心，我相信下一次我会继续吐槽一些糟糕的代码，但我不得不说，在两个月内发现了两段写得很好的代码片段是个不错的惊喜。我想这值得记录。

KV

1.10 一些恶臭的东西

你的代码中有些恶臭的东西。

——向莎士比亚道歉

我承认代码实际上没有字面上的气味，但就六种感官而言，气味似乎是最适合它的部分。打开一些文件就像打开一个榴梿，只不过你吃榴梿的时候，味道好极了，但是闻到那种味道，你永远不会忘记。有些代码真的会让你流泪，让你反胃，让你觉得好像需要从房间里跑出来呼吸新鲜空气。

下面这封信恰恰相反，说的是一段清晰、简洁、写得很好的代码，总之不臭。让我们来看看。

亲爱的读者：

每隔一段时间，我就会遇到一段很好的代码，我喜欢花点时间来认识这个事实，哪怕只是为了在每年体检之前保持健康的血压。

第一个吸引我眼球的代码是 Linux 中的 clocksoure.h。Linux 通过一组结构与硬件时钟（例如主板上的晶体）进行接口，这些结构就像一组俄罗斯套娃一样被组装在一起。

位于中心的是循环计数器，这是一个非常简单的抽象，它从底层硬件返回当前计数器。循环计数器对当前时间、时区或其他任何信息一无所知。当被询问时，它只知道硬件中的寄存器是什么。循环计数器有两种状态，它们可以帮助将周期转换为纳秒，但除此之外什么也没有。下一个出来的套娃是计时器。计时器包含一个循环计数器，并将抽象级别提升到以纳秒为单位的单调递增时间级别。在这些之上的是其他一些结构，它们最终为系统提供了足够的抽象，使其能够知道一天中的时间是什么。

那么，这段代码有什么了不起之处呢？嗯，有两件事：第一，它的结构很好，因为它是由可以相互协作的小组件构建而成的，而不会让彼此相互接触或违反分层规则；第二，它是以足够清晰和整洁的风格编写和记录的，这让我在第一次阅读时就能够理解它是如何工作的。

循环计数器的注释和结构能让你体会到是什么让我在阅读这段代码时如此高兴：

```
/**
 * struct cyclecounter - hardware abstraction for a free
 *    running counter.  Provides completely state-free
 *    accessors to the underlying hardware.
 *    Depending on which hardware it reads, the cyclecounter
 *    may wrap around quickly. Locking rules (if necessary) have
 *    to be defined by the implementor and user of specific
 *    instances of this API.
 *
 * @read:     returns the current cycle value
 * @mask:     bitmask for two's complement
 *                subtraction of non 64 bit counters,
 *                see CLOCKSOURCE_MASK() helper macro
 * @mult:     cycle to nanosecond multiplier
 * @shift:    cycle to nanosecond divisor (power of two)
 */
struct cyclecounter {
    cycle_t (*read) (const struct cyclecounter * cc);
    cycle_t mask;
    u32 mult;
    u32 shift;
};
```

我想你可以理解我为什么喜欢这段代码，但以防万一，让我说得更具体一些。代码布局合理，缩进良好，并且具有简短但可读的变量。没有弹跳式的大写字母或像句子一样很长的名字。注释足够长，不仅能描述结构是什么，还能描述它是如何使用的，甚至还提到了如果多个线程需要同时访问这些结构之一时必须执行的操作。如果所有的代码都有这么好的文档记录就好了！你可以在 https://github.com/torvalds/linux/blob/master/include/linux/clockSoure.h 网站上在线阅读这段代码的更多内容。

我的另一个很好的代码示例需要更多的解释，所以我打算把它留到以后的专栏中。毕竟，我不想把镇静效果浪费在同一个问题上。

KV

1.11　日志记录

我们正在大海捞针。

——每个调试会话的开始

　　我强烈怀疑大多数程序员没有意识到日志系统的重要性或如何使用日志输出，而这篇文章展示了两者的重要性。如果你足够幸运，几乎所有故障系统的调试都是从日志输出开始的。虽然调试器可以告诉你程序在哪里崩溃，但日志输出会显示崩溃前的瞬间发生了什么。一个好的日志系统不仅可以帮助处理崩溃，还可以是一个好的系统仪表盘的基础。一个糟糕的日志系统（有很多这样的系统）通常比根本没有日志记录更糟糕，因为糟糕的日志输出通常会让你走上错误的道路，浪费你的时间来尝试跟踪系统中的问题。

亲爱的 KV：

　　我一直在修改一个大型项目的日志输出，似乎每次我提出更改时，我们的系统管理员都会对我大喊大叫，要求我恢复所做的操作。他们似乎认为，我们的日志输出格式在产品的第 1 个版本就已经定型了，实际上不应该触及任何东西，尽管现在产品的第 3 个版本比第 1 个版本做的事情要多得多。我理解更改输出意味着他们不得不更改一些脚本，但如果有需要记录新信息的新功能，我就无能为力了。

Log Rolled（日志滚动）

亲爱的 Logged：

　　我不知道你是否认为系统管理员只是懒惰、醉酒的懒虫，他们整天都在偷懒工作，把脚放在办公桌上，在老板不注意的时候喝着单麦芽威士忌。事实上，在任何 IT 站点中，系统管理员通常都是最忙、最苦恼的人，他们负责了解所有系统是否正常运行。如果你随心所欲地更改他们系统上的日志输出，那么他们精心设计的用于跟踪系统性能的工具就会显示故障，而实际上可能并没有，这将导致大量的投诉。我喜欢在安静的环境中编写代码，不喜欢尖叫，所以不要让系统管理员尖叫。

更新日志输出有好的和糟糕的方法。在每一行的开头插入一个新列，从而脱离后面的所有列，这是一种非常糟糕的日志文件更新方式。事实上，任何日志输出的第一列都应该一直是精确到秒的日期和时间。在第一列中使用日期可以更容易地编写分析脚本。就像扩展编程 API 一样，除非你有非常好的理由，否则应该始终在行尾添加新信息。额外的列是最容易被忽略的，也是最不可能导致系统管理工具发疯的。这样就减少了办公室里尖叫的次数并降低了音量（参见上文关于办公室和安静的描述）。

另一种不太冒犯的日志输出更新方式是添加全新的信息行，以便脚本可以正确地查看旧的行，并尽可能久地忽略新信息。让脚本作者有时间更新他们的脚本是一种值得在会议上用免费酒水来回报的善意，这正是你想要鼓励的事情。

最后，你可以简单地向程序添加一个选项来输出旧的日志格式，以便运行你的软件的人有时间来更新他们的脚本。当然，他们也可能真的不需要新的信息，并且希望有机会使用你的系统，而不必触碰他们原始而漂亮的脚本。在将新信息强加给用户之前，请三思。

KV

1.12　丢失

你的钥匙和钱包都在梳妆台上，它们一直在的地方。

——恼怒的配偶

你知道那种失去某样东西的感觉吗？那种你明明知道自己把某样东西丢在了什么地方，却又想不起来的令人抓狂的感觉。嗯，事实证明，即使集中式版本控制系统都已经有了 40 多年的历史，在他们的源代码上也一直发生着这样的事情。这是"不一定要这样"的另一个例子。

亲爱的 KV：

我有这样一个问题。我似乎永远也找不到我自己写的代码。这不是指我们源服务器上的工作代码，而是我上个月写的那些测试代码，我再也找不到它们了。你是怎么处理这种事的呢？

Lost（丢失）

亲爱的 Lost：

丢失东西让我觉得自己很愚蠢，我讨厌这种愚蠢的感觉。几年前，我的一位聪明而又很古怪的朋友为我指出了一个显而易见的方法，来追踪我的计算机上的所有东西。把它们放入源代码库中！但不是工作用的那个！你最不想做的事就是把你所有的个人代码、文档等资料都给你的老板。我的意思是，当他们破产的时候会发生什么，就像他们经常做的那样吗？

几年前，我把一台服务器放在了家里（你家里有服务器，对吧？），并在上面放置一个 CVS 存储库。我现在把我在乎的一切都签入到我自己个人的 CVS 中。这包括我所有的配置文件（点文件，我是一名 UNIX 高手）、所有的文档（包括这封信和回复）、所有的代码、所有的脚本，几乎所有东西。我在计算机上创建的任何东西，如果我要使用不止一次，就会存入库中。考虑到如今大量廉价可用的磁盘空间，扔掉任何你认为可能会再次使用的东西都是没有任何意义的。

作为一个附带的好处，我现在可以在大约 10 分钟以内在任何计算机上设置我的环境。我只需确保新机器上有 CVS，并签出我的 Personal/DotFiles 目录。然后我运行一个小脚本，将所有必要的文件从 Personal/DotFiles 链接到正确的位置，它马上就变成了 KV 的编码机器。这在非 UNIX 平台上同样适用，但我不使用这些平台，所以如果你不是在 UNIX 或类 UNIX 的系统上，那么你必须自己解决这些机制。

哦，记住要以某种方式备份存储库。镜像它，把它刻录到 CD 或 DVD 上，要为那个"以防万一"做点什么。如果你在丢失一个文件时觉得自己很愚蠢，那么请想一想，当你丢失了几兆字节或更多的文件时，你会感到多么愚蠢。

我敢肯定，写完这篇专栏后，我收到的第一封信会是抱怨，一旦你把所有的东西都储存起来了，怎么才能找到它们呢？我建议你使用目录，这是自 20 世纪 70 年代以来操作系统的一个功能。我还建议你使用合理的名称，可不包括"foo""bar"和"baz"这类词！

KV

1.13　复制

抄袭！

让任何人的作品都逃不过你的眼睛。

记住为什么仁慈的上帝创造了你的眼睛。

所以不要蒙住双眼，而是抄袭，抄袭，抄袭。

只是请务必将其称之为"研究"。

—— "Lobachevsky"，Tom Lehrer

　　KV 并不是所有的工作都是呼叫和响应，有时我会花时间去做一些我认为重要的事情。计算机的能力，尤其是连接到互联网的计算机，允许人们复制和粘贴代码与信息，从而导致未经审验的代码爆炸性增长。如果未经检验的生活不值得过，那么未经检验的代码就不值得被执行。下面的建议也适用于几乎所有的智能产品，不仅仅是代码，还有文档、安全和其他策略以及测试计划。如果没有重新评估，那么几乎所有人创造并写下的东西都不可能被囫囵吞下。

　　下面这篇文章没有涵盖的主题之一是正确的归属。如果有人像描述的那样完整地执行复制操作，那么归属就不是问题，因为只要复制者不改变最后版本中的任何内容，原始作者的姓名和其他信息就会被保留下来。当人们复制代码或文档，并试图通过在文档中到处贴上自己的名字或公司名称来使它们成为自己的代码或文档时，就会出现问题。我曾听到一些应该更了解这一点的人争辩说，这种抄袭既常见又是"最佳实践"，但实际上是不诚实的智力表现。让这类行为更加可笑的是，任何人都可以使用让他们找到该代码或文档的相同搜索技术来显示抄袭版本的出处。教授们经常通过搜索引擎和其他系统来运行学生的作业，以查找抄袭的案例。应该对所有代码和文档进行同样的处理，以确定系统的知识来源，并防止将来出现 bug 和安全问题。如果你不知道你的代码或想法从何而来，那么会给你自己和那些使用你作品的人带来严重的伤害。

亲爱的读者：

你们知道吗，有时候我真的不需要看邮件就能开始讨论一个话题，我只需要阅读一些代码。很抱歉，我不能与你分享这些代码，因为它是私有的，是我为某一个客户查看的，但这又引出了 KV 最讨厌的两件事。我想得越多，就越意识到这只是一个有很多不同方面的大问题。问题出在哪里？计算机使复制数据变得太容易了。是的，没错，我知道你们都希望我抱怨注释或文档的质量太差，但事实上，只是计算机太擅长做它们被设计来做的事情了。我想我真的不应该责怪计算机，我应该怪键盘后面的笨蛋，但是把你的怒气发泄在机器身上要比发泄在人身上容易得多。为了让大家明白我在说些什么，我给你们讲一个我那天的故事。

一开始天气很好，鸟儿在歌唱，阳光灿烂，一切都……不要在意这些细节！今天，我正在查看程序员对一些处理 C++ 字符串和 C char* 缓冲区的代码所做的修复。该代码有一个 bug，即字符串在放入缓冲区时，没有正确地终止，从而导致一些数据泄漏到系统的其他部分。总而言之，指针和字符串都是很难处理的问题，也是许多程序错误的已知来源。所以，每天中午我都会摄入大量咖啡因，也就是说，就在我咬牙切齿的时候，我决定检查一下修复程序。我打开我的编辑器查看其中一个已更改的文件，尽管代码本身冒犯了我，但我只是在这里查看，并不想陷入重做修复的泥潭。检查完第一个更改后，我继续检查下一个更改，它看起来像是第一个更改的副本。好吧，很好，有几个地方不是问题。我转到了下一个更改，它也和前两个一样。我想你们可以看到这是怎么回事了。我经历了十多次的更改。在一个只有 200 个文件的程序中，同样的 bug 已经出现在十多个地方，为什么？因为编写第一版有 bug 代码的人只是一遍又一遍地复制了他们的 bug。我所说的代码并不只是对某个函数的单行调用。这是 15 行代码，处理的是一个已知的危险参量，也就是一个指向缓冲区的指针，是一个常见的错误来源。

所以，现在我们来谈谈第一个烦恼，就是到处复制和粘贴代码的能力。我不想说"永远不要剪切和粘贴代码"！因为如此强烈的声明并没有考虑到足够多的情况，但我可以说"在剪切和粘贴代码之前，请三思"！你看，很多年前，早在你、我或很多读到这篇文章的人出生之前，一些非常好的人发明了函数调用，并在 1951 年发明了函数库。似乎大多数人认为库是由他人提供的，而不是自己提供的。众所周知，函数调用是一种简化重复性工作的方式。与其用 10 或 20 行代码做同样的事情——

是的，我已经看到了——这 100 行代码被复制并粘贴在你的软件上，你只需说："看，这段代码被反复使用，我打赌它是通用的。"然后你把那段代码放在一个函数中，把这个函数放在一个库中，然后把它分享给你的同事，让他们从你的天才想法中受益。就像我们小时候妈妈说的："分享是好事！"

现在，不幸的是，故事并没有到此结束。就像在今天这样的日子里，我真的为坐在我身边的人感到难过，因为尽管我已经学会了控制自己在办公室不使用极其粗俗的语言，但人们仍然觉得我的头撞到桌子上的声音令人不安。正是这种声音让我的同事像往常一样说："怎么啦？"他们偶尔会被我的咆哮逗乐，只要我不再用头撞桌子就行。

完全出于偶然，我发现了当前产品的整个子目录，其中包含我正在检查的产品的文件子集。看起来，为了制作新产品，有人只是复制了旧产品并开始对其进行编辑。现在，不只是我检查的代码中有十多个 bug，还有别人复制来制作新产品的代码中也有同样的 bug。但是等等！还有更多！新产品没有保留所有的旧代码，不，它保留了许多 API，但微妙地更改了它们的底层含义，在这儿添加了一些新的常量，在那儿更改了返回值。在一个文件中，也就是那个让我发现这个可疑问题的文件中，有 200 多个独立的更改，而且不够明显，以至于如果有人链接了错误的库，他们会得到一个明显的错误，哦，不——代码只会以奇怪和神秘的方式中断。

所以，现在我们有两个不同的问题，都是由于易于复制而引起的。第一个问题是在风险较大的指针处理代码中出现了 bug 复制，现在必须在一个产品的十多个地方维护这些代码。第二个问题是复制整个产品（包括所有 bug），以及两个相关但又有细微差别的产品，以至于修复一个产品中的 bug 需要手动修复另一个产品中的 bug。

我所能想到的就是："这些人到底在想什么？"我的意思是，是的，对于我们这些使用类 UNIX 系统的人来说，很容易输入 `cp-r OldProduct NewProduct`，然后开始工作。看看我们节省了多少时间！我们肯定会提高我们的生产力，而不是咬牙切齿，这是我们应得的。对于那些脑海中有桌面隐喻的人来说，只需点击一下鼠标，甚至比我们在 UNIX 上输入 28 个字符（包括回车）所需的工作量还要少。不过，这不是重点。重点是软件是由库和函数组成的，这是有原因的，当你遇到你需要的东西时，你应该尝试让它易于被你和其他人复用。从长远来看，它将比盲目复制代码或文件节省更多的时间。如果你和我一起工作，这也可以让你免于被扔出窗外。是的，这就是今天的词——defenestration，查一下！

KV

1.14　五大编程问题

我有个名单，

是社会罪犯，

他们可能隐藏得很好，

但他们永远不会被遗漏，

他们永远不会被遗漏。

—— **"Behold The Lord High Executioner!"，** *The Mikado*

在写 KV 的所有这些年里，我只在少数文章中使用过清单。当我重新收录这篇文章的时候，我惊讶地发现，里面竟然只有五个让我恼火的问题，因为我知道，即使是在我写这篇文章的时候，我所遇到的也不仅仅是这些。在随后的几年里，这些问题都没有消失，它们仍然位居榜首，存在于我每天都会遇到的代码中，没有任何技术可以改善它们。

亲爱的读者：

在这个问题上，令人讨厌的老 KV 叔叔不打算打印和回复一封信。为什么这样呢？不管怎么说，这并不是因为你们一直保持沉默。这个月，我想谈谈我最讨厌的五大编程问题。我为什么要谈这件事？因为我已经厌倦了当来到你一直工作的地方时，在你的代码中看到它们，这就是原因！所以，按照讨厌程度升序排列，以下是导致我下班后酗酒的原因。

问题 5：糟糕的注释

你，是的，你，你知道我在说你。你就是会这样写注释的人，比如：

```
// Set i equal to 1
i = 1;
```

当这显而易见时，然后留下巨大的、复杂的函数，在 20 种不同的情况下做 9 种不同的事情，完全没有注释。

回想一下 CS 101 课程并在每个函数的开头加上一条有用的注释怎么样？仅仅因为你认为没有人会看到这个函数，并不意味着像我这样的人以后就不需要清理那些乱七八糟的东西了。

问题 4：空悬 else 问题

在修复或扩展软件时，最常见的错误之 是在你认为是块的内部添加了代码，但事实证明并非如此。这就是我所说的空悬 else，当我看到它们时，我倾向于只添加大括号。为什么？好吧，除非你在一些非常脆弱的硬件上编程，否则这两个额外的大括号字符不会让你的磁盘过载。在这种情况下，向你的母亲索要 50 美元去购买一块更大的硬盘，或删除一些你一直在下载的电影。

问题 3：幻数

我不知道我见过多少次下面这种情况：

```
name_buf[128]; // Hold the name of the file.
```

后面跟着索引不正确的 name_buf，或以不同方式声明了完全相同类型的存储：

```
new_name_buf[127];      // Hold the name of the file.
```

无论你使用什么语言，C、Java 等，在某些时候你会需要使用常量，当你这样做的时候，你应该命名它们。为什么？因为它不仅是一种更清晰的编程方式，还提供了更加一致的结果（因为你更有可能在任何需要它的地方使用常量名）。现在，如果你将代码移植到一个名称较短或较长的系统上会怎么样呢？你要搜索所有的代码来找到这些幻数并改变它们吗？！我不这么认为。

幻数的这种特定用法比平常更难用，因为你应该使用一个众所周知的、操作系统定义的常量。在我写这个专栏的机器上，它实际上是 1024 字节，被称为 FILENAME_MAX。

问题 2：怪里怪气的代码

在阅读代码时，没有什么比在文件或函数中间看到一大块注释掉的代码更让人不舒服的了。由于你正在使用源代码控制系统（等等，你确实在使用源代码控制系统，对吗？），你只需删除代码并签入新版本即可。如果你需要恢复失效代码，只需检索较旧的版本即可。

　　同样的评定也适用于在构建时使用 `#if/#endif` 之类的内容有条件地编译出来的代码块。有些系统依赖于 `#ifdef` 进行配置，我发现这也有问题，但这与 `#if　0` 的情况不同。如果你不希望代码在那里，那就不要把它放在那里，或者让你的源代码控制系统记住它曾经在那里。代码应该始终表示系统的现状，而不是它过去或未来应该是什么样的。

　　问题 1：全局变量

　　我真诚地希望在地狱为这些程序员保留特殊的一层：他们每次在没有做出适当的抽象时，就会向程序中添加另一个全局变量。在此之上，我希望还有一层，对那些将这类全局变量命名为 s 和 r 的人进行更严厉的惩罚。追踪这样编写的软件中的问题并非不可能，但这不是我的乐趣所在。因此，如果你真的需要一个全局变量，请给它一个很容易用 grep 或其他工具（比如 cscope）找到的名称，并且确保你真的、真的、真的需要它。

　　以上就是我最讨厌的五个问题。抱歉，没有奖品，甚至连傻瓜奖都没有，只有我在尖叫："别再这么做了！"我现在就把发言权交给你们，让你们写信告诉我你们的烦恼。如果我喜欢它们，我可能会发布它们。如果我不喜欢，好吧，总有删除键的。

KV

1.15　语言上的迷失

一号门后面是什么？

——《一锤定音》(美国电视娱乐节目)

选择一种用于编写特定代码的语言是一项重要的练习，不仅需要耐心和经验才能为作业选择正确的语言，而且通常还需要说服其他人相信你的选择是正确的。下面这篇文章是在最近的新语言（比如 Go、Rust、Lua 和其他正在努力超越 C++、Java 和 Python 的语言）爆发之前写的。时间会告诉我们，哪些新语言具有持久的生命力，哪些将会消失，但十多年前在这封信中给出的建议仍然有效。

亲爱的 KV：

在我工作的地方，我们的产品中混合使用了 C++ 代码、Python 和 shell 脚本。我总是很难弄清楚什么时候该用哪个来完成特定的作业。你是否只使用汇编语言和 C 语言编写代码，还是说这对你来说也是一个问题？

Linguistically Lost (语言上的迷失)

亲爱的 LL：

首先，我可能是一个老掉牙的程序员，但我并不局限于用 C 或汇编语言编程。如果你再提这件事，我会用这本 6502 手册把你打晕。

现在，选择一种语言并不是一件容易的事情。大多数程序员只是使用他们在工作中被分配的东西，并且不会对此质疑。不质疑是不好的。我们应该始终努力为工作找到合适的工具。然后，一旦我们找到了合适的工具，我们就可以无休止地对我们的同事大喊大叫，要求他们使用和我们一样的工具。不，等等，不是这样的。

让我们从你的清单的末尾开始吧。shell 脚本虽然有时很聪明，很有用，但很难维护。KV 叔叔从不将它们用于超过 100 行的代码。为什么呢？我见过一些产品是建立在充满 shell 脚本的目录上的，结果总是一团糟。我相信一定有人拥有一套最漂亮的、经过精心调整的 shell 脚本，他们都会给我发送令人讨厌的仇恨邮件，谢天谢地，这些邮件都是电了的，很容易被删除。事实上，人多数编写 shell 脚本的人将它们编写为一次性的（或两次性的，因为它们从来没有在第一次工作）东西，以"只是让某些东西工作起来"。不幸的是，这些脚本是项目的"红发继子"。它们被签入并被忽略，直到它们引起问题。`while 1 do echo "previous rant" done`

Python 是一种现代解释型语言，它与 Perl、Ruby 和其他语言一样，是替代 shell 脚本的合适工具。这些语言也有其局限性，其中大部分与性能有关。请不要用 Python 编写设备驱动程序、嵌入式系统、飞行控制软件或其他妨碍我刹车的代码。我倾向于用 Python 创建原型，然后如果我需要速度，我会选择编译语言。我相信有些人会写信告诉我应该使用 Java，但是我发现 Java 需要太多其他的东西（库、IDE 等），让我不能像使用 Python 那样使用它。有一天我可能会用 Java 编写一个大型系统，就像有一天我可能会用 Modula-3、Smalltalk 或 Scheme 编写一个大型系统一样。这不是我使用 Python 的目的。Python 用于替换数百个类似的、曲折的 shell 脚本。

最后，我们来看 C++。现在，无论人们相对于其他编译语言如何看待 C++，事实上，大多数程序员在日常工作中都在使用它。对于大型复杂的系统，我更喜欢用 C++，因为它们一旦就位，就会变得非常静态。事实上，当你在工作时，你不太可能会说"我认为我们不应该在这个项目中使用 C++"，除非你是 CTO，但考虑到你的问题，我感觉你并不是 CTO。

我认为你真正要问的问题之一是何时将某些内容放入 C++ 与 Python 中。好吧，如果你必须编写一个在这个系统和其他系统中通用的类，那么你可能想用 C++ 编写它。此外，如果有问题的代码不应该被修改或被客户看到，那么 C++ 再次是你的自然选择。我敢肯定，你的老板不希望你将公司的秘密代码片段与产品一起以易于阅读的方式发送出去。性能问题也很重要。启动解释器然后解释代码的成本是否会超过使用解释型语言编写代码的好处？如果是这样，那么你将不得不用 C++ 编写这些代码。

Brian W. Kernighan 和 Rob Pike 在他们的 *The Practice of Programming* 一书中很好地解决了此类问题，这是一本 KV 的必读书籍。

当然，这里没有硬性规定，但这就是我在自己的工作中处理这些问题的方式。

KV

1.16　签入注释

说你真心想说的，然后言出必行。

——佚名

好了，我们终于迎来手头的代码已经全部准备好签入版本控制系统这一刻了。你已经了解到这一点，代码已经准备好与其他代码库混合，你应该为你的成就感到自豪，你可以告诉全世界，或者至少，你应该在提交的日志中尝试合理地描述这个变化。

亲爱的 KV：

关于你的 "Coding Peeve 2, code dingleberries"（*Queue*，2004 年 11 月，第 20 页），我同意最好清除未使用的代码。我经常注释掉被修改过的代码所取代的区域，因为如果我以后需要在其他地方做某事，我可能想要记住我是如何做的。把它放到源代码控制系统中是个好主意，但是多年后，你怎么能记得它是在哪个版本呢？

Short-Term Memory（短期记忆）

亲爱的 STM：

我不确定你使用的是什么源代码控制系统，但我在过去十年中使用的所有系统都能够在每次签入时存储注释。这个注释一旦被存储，就可以被检索到。当我想找一段已经从记忆中淡出的代码时，例如，在一个特别棒的派对前的星期五签入的一段代码，我会找出这个文件的全部历史记录，并浏览和寻找我或其他人在做出更改时在想什么的蛛丝马迹。我确信，STM，当你签入代码时，一定会加上适当的注释，我还确信，有很多读者一定可以从另一个我讨厌的问题的简短废话中受益。

另一个讨厌的问题就是糟糕的签入注释，虽然这个问题没有进入我的问题清单的前五名，但它肯定排在前十名。许多年前，我曾与一位工程师共事，他在签入代码时拒绝添加任何注释。这与他的风格完全一致，因为他在一天的工作中很少说超过 10 个单词，回答所有的问题都是"是"或"不是"。这种缺乏交流与他的语言能力无关，因为他的英语非常流利，我们在工作中都使用英语。最终，该团队安装了一个触发器，在文件可以签入之前，需要在注释中写入至少三个单词。如果注释为空，则拒绝签入。说实话，这并没有给我们带来多大帮助，因为我们收到了如下的注释：

添加了新功能。修复了 bug 511。修复了 bug 432。

等等。

尽管我考虑过，建议对这位特别的工程师进行强制要求，但我被告知这不是现代商业惯例，至少在美国不是这样。在这种疯狂行为持续了几年之后，这位工程师离开了公司。虽然他是一位相当不错的程序员，但他的软件中也有 bug，就像我们所有人一样。主要区别在于，修复这个人所做的任何事情都是一场噩梦，因为所有的代码都没有任何上下文。代码中有令人难以置信的蹩脚注释，而且签入的记录没有告诉你任何关于代码的演变信息。处理这家伙的东西，就轮到你有丢饭碗的危险了。我们所有人都做了这项工作，但没有一个人真正喜欢这样。

签入注释与代码中的注释应受到相同的限制。首先，应该真的有一个注释。在我看来，所有的源代码控制系统都应该强迫工程师在签入时加入注释。如果有可能让那些没有注释就签入代码的人的键盘受到电击，那么我也会安装它。其次，注释必须是有用的。对曾经与我共事的那位工程师，三个单词的限制显然是不够的。我想如果你修复了一个微不足道的 bug，那么应该包含一个关于此 bug 号对应的是什么的完整句子，以便以后可以查找问题是什么，以及你是如何修复它的。简洁可能是机智的灵魂，除非你是奥斯卡·王尔德（Oscar Wilde），但他已经死了，所以你显然不是，你可能需要至少三个完整的句子才能满足我的标准。当然，当你添加一些更重要的东西时，比如一个新功能，那么你真的需要一整段话来描述这个功能是什么，它是如何工作的，以及它是如何使用的。

我肯定有人会抱怨说，有更好的地方来存储这些信息。bug 信息应该存储在 bug 库中，功能信息应该存储在规范中。这两点都没错，但当我打开一段代码时，我希望在一个地方就获得最多的信息。我不想在 bug 库窗口、规范的电子版以及我的代码之间来回切换。我想把所有的东西都放在一个地方，现在就要。所以，下次你们中的任何人签入东西到源代码控制系统时，请假装我就站在你们后面，拿着一根赶牛鞭，仔细考虑你们要写什么。

KV

第 2 章　*Chapter 2*

编程难题

海象说:"时候不早啦,我们好好聊聊吧。"

——《海象和木匠》,Lewis Carroll

离开我们面前的代码,来到一个稍微广泛一些的编程概念。许多人无法理解,编程和软件设计并不仅仅是在编辑器或 IDE(集成开发环境)中输入数百行代码,然后按下"运行"键。无论我们使用的系统是大是小,我们都必须弄清楚一些概念。在构建任何系统时,都存在调试、文档记录和测试的问题,以及对系统整体性能挑战的了解。这些都是我们在本章中要解决的一些问题。

2.1 方法的颂歌

科学的好处在于，无论你是否相信它，它都是真实的。

——Neil deGrasse Tyson

如果计算机科学真的是一门科学，那么很明显，科学方法可以用来解决计算机及其配套软件中出现的问题。计算机科学课程中很少涉及的一个主题是如何将科学方法实际应用于软件工程。如果一个人不是通过类似于科学方法的东西来解决问题，那么他难道可以说是通过信念来调试吗？值得庆幸的是，基于信念的调试并没有像敏捷和 Scrum 那样流行起来，但它绝对是我看到的许多人应用的一种方法，这些人确实应该更好地了解它。把软件 bug 视为超自然的事情是程序员之间经常开的一个玩笑："你献出了一只鸡吗？"这是一些人在找不到 bug 或无法让打印机工作时经常收到的反馈。虽然有些程序员非常优秀，他们只需浏览你代码中的一个页面就能找到 bug，但这样的人少之又少，所以程序员要学会应用科学方法来解决自己的问题。在下面的回复中，列出了一种非常简单的方法来修复软件错误，对此我充满信心。

亲爱的 KV：

我刚开始为一个新的项目负责人工作，她有一个极其恼人的习惯。每当我修复一个 bug 并将修复的内容签入我们的代码库时，她都会问："你怎么知道这个已经修复了？"诸如此类的问题，质疑我对系统所做的每一个改动。她好像不相信我能做好我的工作。当我修复一个 bug 时，我总是更新我们的测试，这应该足够了吧，你认为呢？她想要什么呢？一个正式的正确性证明？

I Know Because I Know（我知道因为我知道）

亲爱的 I Know：

从事软件工作时，仅仅靠你的直觉判断代码是正确的是不够的。实际上，软件工作的任何部分都不应该基于直觉，因为，毕竟软件应该是计算机科学的一部分，而科学需要证明。

我在使用当前的 bug 跟踪系统时遇到的一个问题（相信我，这只是我遇到的问题之一）就是它们不能很好地跟踪你为修复 bug 所做的工作。大多数 bug 跟踪系统都有许多 bug 可能经历的状态——新建、打开、分析、修复、解决、关闭等，但这只是修复 bug 的一部分，或对任何大小的程序，执行任何其他操作的一部分。

程序是某种系统的表达，你或者一个团队，通过把它写成代码来实现。因为它是一个系统，所以你必须有一些关于这个系统的推理方法。许多人现在会跳起来大喊"类型系统！"，还有"证明！"，以及其他大多数在职程序员不知道也不可能接触到的东西。然而，有一种更简单的方法来解决这个问题，它不依赖于花哨或深奥的编程语言，而是使用科学方法。

当你着手解决一个问题时，你应该以一种科学方法的方式去做。你可能知道问题出在哪里，把它作为你的理论写下来。理论解释了关于这个系统的一些可观察到的事实。基于你的理论，你提出了一个或多个假设。假设是解决问题的一种可检验的想法。假设的好处是，它要么是真的，要么是假的，这与我们的布尔程序员的大脑很配：非此即彼，黑或白，真或假，没有"五十度灰"。

这里的关键是把所有的这些都写下来。当我年轻的时候，我从不把事情写下来，因为我认为我可以把它们都记在脑子里。但那是胡说八道。我不可能把它们都记在脑子里，而且直到我当时的老板问了我一个我无法回答的问题时，我才知道那些我已经都忘记了。当别人问你一个关于你正在做的事情的问题时，你的脸上却是一副愚蠢的表情，没什么比这更糟糕的了。

最终，我开发了一个笔记系统，让我可以更轻松地做这件事。当我对一个问题有了一个理论时，我会写一个题为"理论"的笔记，然后写下我的想法。在这里，我写下了所有的测试（我称之为测试，因为像任何优秀的编程人员一样，我不想一直输入假设）。我目前使用的笔记系统是 Emacs 中的 Org 模式，它允许你创建可以绑定到热键的序列，从而允许你快速更改标签。对于 bug，我将其标记为" BUG""已分析""已修补"和"已修复"。而对于假设，我则使用"已证实""已否定"。

我总是保留已证实和已否定的假设。为什么我两个都留着呢？因为这样我就知道我尝试了什么，什么成功了，什么失败了。事实证明，当你有一个强迫症（或者正如他们喜欢被称为"注重细节"）的老板时，这么做是非常有价值的。通过保留你的成功和失败的记录，你总是可以追溯回去，比如说在三个月后，当代码以一种令人不安的类似于你已经处理过的 bug 的方式中断时，看看你上次测试了什么。也许这些假设中的一个会被证明是有用的，或者也许它们只会提醒你曾经尝试过的愚蠢的事情，这样你就不会浪费时间再次尝试了。不管是什么情况，你都应该以一些版本控制的方式把它们存储起来，并加以备份。我的备份在我个人的源代码库中。你也有你自己的库，对吧？对吧？！

KV

2.2　C++ 里的"+"有多少

我是万王之王，奥兹曼迪亚斯，[⊖]
功业盖物，强者折服！

——《奥兹曼迪亚斯》，Percy Bysshe Shelley

语言之争从未停止过，在下面这封信中，KV 也许被诱导着去抨击这样一种语言。说实话，我一直很讨厌 C++。我发现它很臃肿，而且它产生了难以解决的成堆的问题，很难维护，也很难调整。我在这里的回答可能比我对 C++ 的真实感受要温和一些，部分原因是我知道人们会选择他们所选择的东西，而且我们都在处理一大堆技术债务，这些债务往往不是我们一开始就有的，而是在工作的第一天就强加给我们的。坦率地说，有些学校仍然认为 C++ 是一种用来开始教授计算机科学的好语言，这令人郁闷，我希望它们能够停止。我认为这种特殊的做法是精神虐待。与 C++ 相比，给学生提供 Python 语言（或者，甚至是汇编语言）会更好。

自这封信和回复首次发布以来的几年里，我们发现编译语言领域至少有两个新的竞争者：Rust 和 Go。KV 对这两种语言只是一知半解，但很高兴看到 Rust 试图进入嵌入式领域。在经常缺乏虚拟内存保护的系统中，一种具有更好的内存安全性的语言似乎对每个程序员的心理健康都是一件好事。Rust 和 Go 的另一个好处是，对于我们这些已经用类似 Algol 语言编程的人来说，它们看起来有些熟悉，所以从 C、C++ 或 Java 跳到这些语言中的任何一种，都不会造成很大的认知偏差。至于这两种新语言中的任何一种是否可以作为教学语言，目前还没有定论。我还是更喜欢从交互式的东西开始教学生，比如 Python。

现在，让我们看看 KV 在 C++ 中能找到多少"+"。

⊖ 古埃及第十九朝的法老，也是古埃及最著名的法老，深受民众爱戴。他是古埃及著名政治家、军事家、战将、艺术家、建筑学家、经济学家。在古埃及，他的名号甚至凌驾于众神之上。《奥兹曼迪亚斯》是英国作家雪莱创作的一首著名的十四行诗。——译者注

KV 你好：

由于在我的公司里对这个问题有一些争论，我很想听听你的看法：抛开性能问题（我认为这个问题在现代 PC 上相对较小），你什么时候会建议使用 C++ 进行开发，什么时候会建议使用 C 语言？你是否认为使用 C++ 更好？

我的感觉是，除非你的应用程序本质上是面向对象的（例如用户界面），否则 C++ 往往会使实现变得更糟糕，而不是更好（例如，构造函数和运算符会做出一些意想不到的有趣的事情，C++ 专家试图"利用他们的专业知识"，写出非常高效但极难阅读，甚至无法移植的 C++ 代码，使用模板会存在巨大的可移植性和性能问题，还有难以理解的编译器/链接器错误信息，等等）。另外，我还觉得，既然人们能写出糟糕的 C 语言代码（如宏中的 goto），也能写出可怕的 C++ 代码。

那么，你怎么看？你对这个争议的立场是什么？

Wondering How Much + There Is in ++（想知道 ++ 中到底有多少"+"）

亲爱的 Wondering：

选择一种语言是我以前在其他信件中提到过的事情，但是自从 C 和 C++ 这两种语言出现以来，关于这两种语言的争论就一直在激烈进行着，真的，这有点令人厌倦。我的意思是，我们都知道，汇编语言是所有热血沸腾的程序员所使用的语言！不，等等，不是这样的。

不过，我很高兴你问这个问题，因为这给了我发泄的机会，也给了我消除一些误解的机会。

在你的信中，第一个也是最明显的误解是，用户界面本质上是面向对象的。虽然许多面向对象编程的入门教科书都以用户界面为例，但这与人们喜欢漂亮的图片这一事实有很大的关系。用图形表达观点比用文字表达要容易得多。我曾经研究过面向对象的设备驱动程序，这是离用户界面最远的地方了。

你的信可能会揭示的另一个误解是，C 不是一种面向对象的语言。C 语言中有一个很好的面向对象软件的例子，是 BSD UNIX 和其他操作系统中的 Vnode 文件系统。因此，如果你想编写一个面向对象的程序，你当然可以用 C、C++ 或者汇编语言来完成。

Donn Seely 在"How Not To Write FORTRAN in any Language"（ACM *Queue*，第 2 卷，第 9 期，2004—2005 年）一文中消除了最后一个误解，即 C++ 代码比 C 代码更难理解。在过去的 20 年中，我既看到过像意大利面一样的 C 代码，也看到过同样乱的 C++ 代码。

那么，在粉碎了这些误解之后，我们还剩下什么？在选择一门语言时真正重要的是：

1）团队中精通哪种语言的人数量最多？

如果你和一个团队一起工作，8 个人中有 6 个精通 C 语言，但只有 2 个人懂 C++，那么选择 C++ 就会让你的项目和工作面临风险。也许这 2 个 C++ 程序员可以教给 C 程序员足够的 C++ 知识，但这一般是不可能的。为了估计一项任务所需的工作量，你必须充分了解你的工具。如果你通常不使用射钉枪，那么你很可能会用它把别人的脚趾弄伤。失去脚趾很糟糕，因为你需要它们来保持平衡。

2）应用程序是否需要你所使用的语言的任何特性？

作为语言，C 和 C++ 有很多相似之处，如语法方面。但它们有不同的函数库和不同的工作方式，这些可能与你的应用程序相关，也可能不相关。通常，实时约束需要使用 C 语言，因为可以对数据类型进行控制。如果类型安全是最重要的，那么 C++ 是更好的选择，因为它是该语言的原生部分，在 C 语言中不存在。

3）应用程序是否需要来自其他应用程序或库的服务，而这些服务或库在一种或另一种语言中难以使用或调试？

在你的代码和你所依赖的库之间创建中介层，只是另一种向系统添加无用且可能有错误的代码的方法。应该像避开姻亲那样避开中介层。谈论它们是可以的，你可能会考虑把它们留在身边一周，但在那之后，它们就会变成多余的、嘈杂的行李。

选择一种语言而不是另一种语言还有很多其他理由，但我认为列出的三个原因应该足以让你和你的团队达成一些共识，而且你会注意到，这些理由都与理解模板的难易程度或异常调试的难度无关。

KV

2.3　时尚而现代的事物

快速行动，打破常规。

——硅谷口头禅

许多写给 KV 的信都表达了希望使用一种新的语言或技术来编程。正如我在这里指出的，重要的不是新颖，而是对工作的适用性，以及良好的软件工程实践。代码行业的大多数人都喜欢时尚、新颖和现代的东西。代码行业中的许多人可能会对《未来主义宣言》感到相当满意，除了它与法西斯主义的不健康关系。该宣言由 Filippo Tommaso Marinetti 写于 1909 年，几乎整个宣言都可以被扭曲成现代科技公司的语言："快速行动，打破常规。"但老实说，这篇宣言一开始就足够扭曲了。

作为技术人员，我们很多人都被新的想法、方法和工作方式吸引，特别是当它们承诺使我们的系统更快或者能够以更少的资源做更多的事情时。事实是，时髦和现代并不是解决软件弊病的灵丹妙药。正如我在这里指出的，好的软件需要仔细的思考、深思熟虑的计划和谨慎的执行，而且至今还没有解决开发好的软件的问题的灵丹妙药。

亲爱的 KV：

当我读你的专栏时，我觉得你就像那些只会用 C 或者 C++，并且会拼写错误的程序员。我们中的许多人用其他语言编写代码，比如 PHP、Python 和 Perl。写一些关于这些语言的文章怎么样？比如说在你的大多数读者出生后写的和设计的东西。

在我工作的地方，我们提供大量的 Web 服务，所以我们在工作中大量使用了 PHP，少量使用了 C 和 C++ 来完成计算密集型任务，或者与操作系统更接近的任务。你对于我们这些用其他语言的人有什么建议吗？

21st Century Kodern（21 世纪的程序员）

亲爱的 21：

我想让你知道，我是在 C 语言之后出生的，但也只是在 C 语言之后。我毫不怀疑 *Queue* 的许多读者都是在其他语言上起步的。尽管我一想到 BASIC 语言就不寒而栗，但我只能写人们询问的内容。有一些使用 C 或 C++ 以外的语言的程序员来信，比如几个月前给我写信的 Linguistically Lost。如果你问了一个具体的问题，那我的工作就容易多了，但显然这不是你的目的。至于我的拼写错误，请向我的编辑反映，不过我建议你先上几堂防身课。

我读过很多 PHP 代码，也读过 Python、Perl、C、C++、TCL、Fortran、Lisp、COBOL 等语言的代码。一个基本的事实是，区分好代码和坏代码的因素与语言本身几乎没有关系。正如最近有人在 *Queue* 中指出的那样，你应该学习"如何不在任何语言中编写 FORTRAN"。

好的代码会使用语言的主流表达，以便于其他人理解。我在回复中提到的所有语言都有注释，但许多人要么忽略了这些注释，要么完全误用了它们。自 20 世纪 80 年代以来，人们已经可以编写易于理解的变量和函数名称，但仍然继续使用单个字母，并相信后面那些看代码的人会知道他们的意思。

在 PHP 代码中，你可以这样简单地写：

```
function getn($data)
```

与下面的代码效果一样：

```
// This function takes a string as input in the name_field
// The name must be a string starting with an alphabetic
// character, i.e. A..Z or a..z, and may not be more than 32
// characters in length. Only the first character must be
// alphabetic and all the following characters can be
// alphabetic or numeric i.e. 0..9
function get_name($name_field)
```

于是，人们仍在继续编写第一个版本。所以，我不在乎你和你的年轻朋友们有多现代。如果你运用了一些写代码的基本知识，能够让代码第一次被阅读时就能很好地被理解，那么其他可怜的程序员就能够读懂这些代码。当你完成这些之后，请带着一些关于 PHP 的具体问题回到我这里来，这些问题将解释它的时髦、现代的感觉，然后我们就有东西可以谈了。

KV

2.4　缓存缺失

真正重视软件的人应该自己制造硬件。

——Alan Kay

许多开发软件的人会假装硬件根本不存在，他们所有的创作都运行在一个完美想象的计算机概念上，但现实并非如此。软件在硬件上运行，而硬件是由小的部分组成的，它们必须服从现实世界的约束，比如光速和熵，以及其他可能干扰我们软件概念的混乱的东西。

虽然可能没有必要像制造芯片的电子工程师那样了解硬件，但在某种程度上理解硬件如何影响软件的性能是必要的。计算机体系结构中的任何一项更改，都不会像在 CPU 中引入多级缓存那样对整体系统性能产生如此深远的影响。大多数软件性能仍然基于一种非常古老的模式，即 CPU 执行程序的模式。但这种模式早已不复存在，除了在可能是最便宜的低端处理器上。下面的来信和回复试图让我们了解隐藏着许多性能问题的最新技术。

亲爱的 KV：

我读了一些来自一个开发人员的合并请求，他最近一直在写代码，我也不得不时不时地看看。他提交的代码充满了奇怪的更改，他声称这是优化。它不是简单地返回一个值，比如在出现错误时返回 1、0 或 -1，而是分配一个变量，对其进行递增或递减，然后跳转到 return 语句。我没有费心检查这是否会节省指令，因为从对代码的基准测试中得知，这些指令并不是函数花费大部分时间的地方。他认为，我们不执行的任何指令都可以节省时间，而我的观点是，他的代码很混乱，难以阅读。如果他的速度能提高 5% 或 10%，这可能值得考虑，但他还不能在任何类型的测试中证明这一点。我已经阻止了他的几个提交，但我更希望能有一个可用的论据来反对这种类型的优化。

Pull the Other One（别骗我）

亲爱的 Pull：

节省指令，真是 20 世纪 90 年代的风格。人们关注细节总是好的，但有时他们根本没有关注正确的细节。虽然 KV 不会鼓励开发人员浪费指令，但考虑到现代软件的状况，似乎已经有人这样做了。KV 会像你一样，站在可读性的一边，而不是为了节省几条指令。

似乎不管语言和编译器有什么进步，总有一些程序员认为他们比他们的工具更聪明，有时他们是对的，但大多数情况下并非如此。读取汇编器的输出和计算指令数量可能会让一些人感到满意，但最好有更多的证据来证明混淆代码是合理的。我只能想象一个充满代码的模块，如下所示：

```
if (some condition) retval++; goto out: else retval-; goto out: ... out:
return(retval)
```

而且，说实话，我并不真的想这样做。现代编译器，甚至不那么现代的编译器，已经完成了程序员过去必须手动操作的所有技巧：内联、循环展开，以及其他许多花样。但仍有一些程序员坚持要和自己的工具对着干。

当要在代码的清晰性和小的优化之间做出选择时，清晰性几乎总是胜出。缺乏清晰性是错误的根源，拥有快速而错误的代码是没有好处的。首先，代码必须是正确的；然后，代码必须能执行。这是任何正常的程序员必须遵守的原则。疯狂的程序员，嗯，最好避开他们。

示例代码的另一个重要问题是，它违反了一个常规的编程习惯。正如我十多年前向读者推荐的 Brian W.Kernighan 和 Rob Pike 所著的 *The Practice of Programming*（Addison-Wesley Professional, 1999）一书中详细指出的那样，所有语言（包括计算机语言）都有习惯用法。我们不要去想那本书是否仍然适用，我每十年都在重复自己的观点。无论你对计算机语言有什么看法，你都应该尊重它的习惯用法，就像人们必须了解人类语言中的习语一样。它们有助于交流，这是所有语言的真正目的，不管是编程还是其他。语言的习语是在使用过程中自然形成的。大多数 C 语言程序员，当然不是全部，都会以这种方式写一个无限循环：

```
for (;;)
```

或者是

```
while (1)
```

然后使用适当的 `break` 语句，在出现错误时退出循环。事实上，在 *The Practice of Programming* 一书中，我发现这一点在前面就提到了（1.3 节）。对于返回值，你提到通常使用诸如 1、0 或 –1 这样的值来返回，除非返回的内容不只是 True、False 或 Error。分配堆栈变量、递增或递减以及添加一个 goto，这并不是我在任何代码中见过的习惯用法，在你的这个案例中，我希望我永远不用这样做。

从这段具体的代码转移到抽象的问题，即何时允许某些形式的代码欺骗进入合并库是有意义的，这实际上取决于几个因素，但主要取决于通过稍微扭曲代码使其与底层机器更紧密地匹配后，可以获得多少速度的提升。毕竟，你在底层代码中看到的大多数手动优化，尤其是 C 和它臃肿的表亲 C++，之所以存在，是因为编译器无法识别一个好的方法来将程序员想要做的事情映射到底层机器的实际工作方式上。抛开大多数系统软件工程师真的不知道计算机是如何工作的这一事实不谈，也撇开他们中的大多数人所接受的关于计算机的教育是来自 20 世纪 70 年代和 80 年代的东西，在超标量处理器和深层管道成为 CPU 的标准功能之前，仍然有可能通过对编译器玩花样来找到加速的方法。

这些花样本身对这次对话并不那么重要，重要的是知道如何衡量它们对软件的影响。这是一项困难而复杂的任务。事实证明，像你的同事那样简单地计算指令数量并不能告诉你关于底层代码运行时的很多信息。在现代 CPU 中，最宝贵的资源不再是指令，除非是在极少量的计算负载下。现代系统并不会因指令而窒息，而是会淹没在数据中。处理数据的缓存影响远远超过了一两条或十条额外指令的开销。一次缓存缺失会造成 32 ns 的损失，或者在一个 3GHz 的处理器上损失大约 100 个周期。根据丹麦技术大学的 Agner Fog 的说法（http://www.agner.org/optimize/instruction_tables.pdf），一条简单的 MOV 指令，需要四分之一的周期来将一个单一的常数放入 CPU 寄存器。

有人竟然为相当多的处理器记录了这一点，这是令人震惊的，那些对优化性能感兴趣的人很可能会迷失在这个网站上（http://www.agner.org）。

问题的关键在于，一个缓存缺失比许多指令都要昂贵，所以优化一些指令并不能真正为你的软件赢得任何速度测试。为了赢得速度测试，你必须对系统进行测量，看看瓶颈在哪里，并尽可能地清除它们。不过，这是另一个话题了。

KV

2.5　代码探索

傻瓜会忽视复杂性，而实用主义者会承受它；专家会避免复杂性，而天才会消除它。

——Alan Perlis

从事软件工作意味着要花时间去阅读和尝试理解其他程序员的代码。我在这篇文章中创造的"代码探索"（code spelunking）一词，试图让人们感受到这个过程是什么样子的，也就是说，在黑暗中使用原始的工具和一盏很小的灯在一个非常大的、危险的空间里爬行。从我写这篇文章到现在已经过去很多年了，但是用来探索代码的工具的发展并没有真正跟上任何一个人可能需要挖掘的代码量。事实上，一个人需要阅读的代码量，以及一个人需要跨越的计算机语言界限的数量已经大大增加了。

我们现在迫切需要但似乎没有找到的就是一种能够对大型代码库提供有用的可视化的工具。目前大多数的代码探索工具，无论是独立的还是属于 IDE 的一部分，都允许程序员跳过代码，以便向下或向上深入调用链。像 Doxygen 这样的系统具有生成可视化调用图的基本能力，但这些都是静态的，很难导航，并且在代码规模上去之后很快就会失败。如果有一种工具是大多数程序员每天都会使用的，那么这种工具就是迫切需要的工具，因为我们大多数人每天都陷入乘法函数的泥潭中，努力不被淹没。下面的部分将介绍一些工具，这些工具可能会让你"漂浮起来"。

试着回忆你从事第一份软件工作的第一天。你还记得人力资源部门的人与你谈完之后，你被要求做什么吗？你被要求写一段新的代码吗？很可能不是。更有可能的是，你被要求修复一个或多个 bug，并试图理解一堆庞大的、文档记录不全的源代码。

当然，这不仅仅发生在刚毕业的学生身上，每当我们开始一份新工作或看到一段新的代码时，它都会发生在我们所有人身上。随着经验的积累，我们都会形成一套技术来处理大型的、不熟悉的源码库。这就是我所说的代码探索。

代码探索与其他工程实践非常不同，因为它是在一个系统的最初设计和实现之后很久才进行的，就像犯罪行为发生后使用的一套取证技术。

有几个问题是代码探索者需要问的，并且有工具可以帮助回答这些问题。我将研究其中的一些工具，指出它们的不足之处以及可能的改进。

源代码库已经很大了，而且还在不断扩大。在写这篇文章的时候，Linux 内核支持 17 种不同的处理器架构，由 642 个目录、12 417 个文件和超过 500 万行的代码组成。一个复杂的网络服务器，如 Apache，由 28 个目录和 471 个文件组成——包括超过 158 000 行的代码。而一个应用程序，如 nvi 编辑器，包含 29 个目录、265 个文件和超过 77 000 行的代码。我相信这些例子相当真实地反映了人们在开始工作时所面临的情况。

当然，更大的系统存在于科学、军事和金融应用程序中，但这里讨论的是更熟悉的，应该有助于传达对我们每天都会接触到的系统的复杂性的本能感觉。

不幸的是，我们必须使用的工具往往落后于我们试图探索的代码。这有几个原因：很少有公司能够依靠工具建立起蓬勃发展的业务，销售吸引广大用户的软件要容易挣钱得多，而软件工具则不然。

静态与动态。我们可以使用两种尺度来比较代码探索工具和技术。第一种是从一端的静态分析到另一端的动态分析。在静态分析中，你不是在观察正在运行的程序，而是只检查源代码。一个明显的例子是使用工具 find、grep 和 wc 让你更好地了解源代码的大小。代码审查是静态技术的一个例子。你打印出代码，拿着它坐在一张桌子旁，开始阅读。

在动态一端的是调试器之类的工具。在这里，你是在实际数据上运行代码，使用一个程序（调试器）来检查另一个程序的执行情况。还有一个动态工具是软件示波器，它将多线程程序显示为一系列水平时间线——就像真正的示波器一样，以发现死锁、优先级倒置和其他多线程程序常见的 bug。示波器主要用在嵌入式系统中。

蛮力与巧妙。第二种尺度衡量的类型是应用于代码探索的精细度。一个极端是蛮力方法，这种方法通常会消耗大量的 CPU 时间，或者可能会生成大量数据。蛮力方法的一个例子是试图通过使用 grep 来找到错误发生地附近打印出来的信息，从而找到一个 bug。

精细度的另一端是巧妙。在程序中寻找一个字符串的巧妙方法涉及一个工具，该工具构建了一个数据库，其中包括代码库中所有感兴趣的组件（函数名、结构定义等）。然后，当你每次从代码库中更新你的源代码时，你就用这个工具来生成一个新的数据库。当你想知道关于源代码的一些情况时，你也会使用它，因为它已经有了你需要的信息。

绘制你的方法。你可以使用这两种尺度来创建一个二维图，其中 x 轴代表精细度，y 轴表示从静态到动态。然后，你可以在这个图上绘制工具和技术，以便对它们进行比较。

所用的这些术语都不包含对技术的价值判断。有时，一个静态的、蛮力的方法正是你想要的。如果设置一个工具来做一些微妙的分析需要同样长的时间（或者更长），那么蛮力的方法也是有意义的。在进行代码探索时，你往往不会因为风格而得分，因为人们只是想要结果。

在进行代码探索时要记住的一件事是 Scout 的座右铭："做好准备。"从长远来看，在前面花一点精力把你的工具准备好，总是能节省时间的。一段时间后，所有的工程师都会形成一套稳定的用来解决问题的工具。我有几个工具，当我进行代码探索时总是随身携带，而且无论何时开始项目，我都要确保用它们做好准备。这些工具包括 Cscope 和 global，我将在后面详细讨论。

在代码探索中，一个非常常见的情况是试图修复一段不熟悉的代码中的 bug。调试是一项高度集中的任务：你有一个程序，它在运行，但不正确，你必须找出它为什么会这样，在哪里会这样，然后修复它。程序有问题通常是你唯一已知的事情。找到埋在干草堆里的针是你的工作，所以第一个问题必须是："程序哪里出了错？"

你可以用几种方法来解决这个问题，方法的选择取决于具体情况。如果程序是单个文件，你也许可以通过检查来发现 bug，但正如所演示的那样，任何真正有用的应用程序都要比单个文件大得多。

让我们举一个理论上的例子。杰克在 Whizzo 公司找了一份工作，该公司生产 WhizzoWatcher，这是一个媒体播放器应用程序，可以播放和解码多种类型的娱乐内容。在杰克上班的第一天（在他注册了健康保险、股票计划和企业年金之后），他的老板给他发来电子邮件，要求他处理报告上来的两个 bug。

杰克刚刚被分配的两个 bug 如下：

bug 1，当 WhizzoWatcher 打开 X 类型的文件时，它直接就崩溃了，除了一个核心文件外没有任何输出；bug 2，当在 DVD 上观看一部长电影《指环王 2：双塔奇兵》时，音频同步在大约 2 小时后丢失，这不是在任何特定的帧发生的，它是变化的。WhizzoWatcher 1.0 是一个典型的组合型软件。它最初被设想为一个"原型"，令副总裁和投资者都惊叹不已，并不顾编写它的工程师的反对，立即匆忙投入生产。它几乎没有设计文档，而且现有的文档通常是不准确的和过时的。关于该程序的唯一真正的信息来源是代码本身。因为这是一个原型，所以几个开源软件被集成到一个更大的整体中，并预计在"真正的系统"获得资金时将被替换。整个系统现在有大约500个文件，分布在15个目录中，其中一些是内部编写的，一些是集成的。

bug 1：这是杰克最容易处理的错误，程序在启动时崩溃。他可以在调试器中运行它，在下一次崩溃时就能找到有问题的代码行。在代码探索方面，他一开始不必查看太多代码，尽管从长远来看，熟悉代码库对他有帮助。

不幸的是，杰克发现，虽然直接崩溃的原因很明显，但问题的根源却不明显。C代码中崩溃的一个常见原因是取消对空指针的引用。在这一点上，杰克在调试器中没有程序以前的状态，只有程序崩溃时的状态，这实际上是非常少量的数据。一种常见的技术是在加快堆栈跟踪的同时直观地检查代码，以查看是否有调用者关联到了指针。

在这种情况下，一个能够向后退的调试器，即使是在少量的指令上，也会是一个福音。在进入一个函数时，调试器将为所有函数的局部变量和应用程序的全局变量创建足够的存储空间，这样它们就可以在整个函数中被逐条记录。当调试器停止时（或程序崩溃时），就有可能向后退到函数的开始部分，找出导致错误的语句。现在，杰克只能阅读代码，希望能偶然发现错误的真正原因。

bug 2：定位 bug 2 更加困难，因为代码没有崩溃，只是产生了不正确的结果，没有一个简单的方法可以让调试器告诉你何时停止程序并检查它。如果杰克的调试器支持条件中断点和观察点，那么这些就是他的下一道防线。观察点或条件中断点告诉调试器在某个变量发生异常时停止，并允许杰克在最接近问题发生点的地方检查代码。

一旦杰克发现了问题，就是修复它的时候了。关键是要在不破坏系统中其他东西的情况下修复这个错误。一轮彻底的测试是解决这个问题的方法之一，但如果他能找出更多关于这个问题在系统中的影响，他就会更放心地进行修复。杰克的下一个问题应该是："哪些例程会调用我想修复的例程？"

试图用调试器来回答这个问题是行不通的，因为杰克无法从调试器中得知所有会调用违规例程的源代码。这时，一种微妙的、静态的方法就可以派上用场了。Cscope 工具从一大段代码中构建了一个数据库，并允许他执行以下操作：

查找 C 语言符号

  查找一个全局定义

  查找被一个函数调用的函数

  查找调用函数的函数

  查找一个文本字符串

  更改一个文本字符串

  查找一个 `egrep` 模式

  查找一个文件

  查找所有 `#include` 该文件的文件

  你会注意到，第 4 项"查找调用函数的函数"回答了他的问题。如果他要修复的例程修改了非局部变量或结构，那么接下来他必须回答这个问题："我的函数与哪些函数共享数据？"这在一个"正确设计的程序"（即从头开始写的程序）中是永远不会出现的。杰克永远不会使用大量的全局变量来控制他的程序，因为他知道维护全局变量将是一场噩梦。对吗？

  当然，这是代码探索，所以杰克已经过了这一步。再次使用像 Cscope 这样微妙的工具是很诱人的，但事实证明，在这种情况下，蛮力是他最大的希望。对于编译器来说，生成程序中所有全局引用（文件名和行号）的列表当然是可能的，但没有一个编译器会这样做。虽然这个选项在创建新代码时几乎不会用到，但它会使调试旧代码的过程变得容易得多。杰克将不得不凑合使用查找和 `grep` 的组合来弄清所有这些变量在程序中的位置。

  代码探索并不是只有在调试时才做的事情，在进行良好的代码审查、逆向工程设计文件和进行安全审计时也会用到。

  在一个许多人使用计算机进行金融和个人交易的时代，审计代码的安全漏洞已经（或应该）变得司空见惯。为了堵住这些安全漏洞，你必须知道常见的攻击是什么，以及代码的哪些部分容易受到攻击。尽管 Bugtraq 邮件列表上的攻击几乎每天都会更新，但我们更关心的是如何找到它们。

  考虑下面的例子。吉尔在一家大型银行找到了一份工作，该银行通过互联网为大部分客户提供电子服务。在她上班的第一天，她的老板告诉她，银行正在对整个系统进行安全审计，该系统是在几种不同类型的硬件和操作系统上实现的。由一套 UNIX 服务器处理传入的网络流量，然后向实际管理资金的主机后端发出请求。

  一个可能的安全漏洞是，当程序存储用户的私人数据时，任何有权访问计算机的人都可以使用这些数据。例如，将密码以纯文本形式存储在一个文件或注册表项中。如果吉尔写了这个软件，或者有权限接触到写软件的人，她只要问一下就能很快找到这个程序存储密码的地方。不幸的是，六个月前银行总部搬迁时，编写登录脚本的人被解雇了。吉尔将不得不在没有作者帮助的情况下找出漏洞。

与调试情况不同，很少有工具可以告诉吉尔这样具体的事情，比如："程序将数据 X 存储在哪里？"根据程序的结构，这种情况可能发生在任何地方，而且经常发生。吉尔可以用蛮力手段，也可以用巧妙的方法来解决这个问题。如果是前者，她会在代码中使用调试语句（如 printf 或类似的语言），以找出程序存储密码的位置。她可能有一些猜测，可以将整个程序的范围缩小到几个或十几个位置，但这仍然有大量的工作要做。

一种更巧妙的方法是在调试器中运行程序，尝试在用户输入密码后立即停止程序，然后跟踪执行，直到程序执行存储操作。

攻击一个程序的典型方法是提供错误的输入。为了找到这些漏洞，吉尔必须问这样一个问题："程序在哪里读取来自不可信来源的数据？"大多数人都会立即想到，任何处理网络数据的代码都容易受到攻击。他们是对的——在一定程度上是正确的。随着网络文件系统的出现，代码执行 read() 语句的事实并不意味着它是从本地（即可信任的）来源读取的。

在前面的例子中，杰克的调试试图将问题归零，而吉尔的代码审计则更像是"扇出"。她希望尽可能多地查看代码，并了解它是如何与自己的模块（数据是如何传递的？）和外部实体（我们在哪里读写数据？）交互的。这可能是一项比大海捞针更艰巨的任务，可能更像是给所有单独的吸管贴上标签。在这种情况下，吉尔要做的最重要的事情是找到最可能引发问题的地方——也就是执行最频繁的地方。

有一种工具，即代码分析器，虽然最初并不是为了这个目的而设计的，但可以帮助吉尔集中精力。例如，编写 gprof 的初衷是告诉工程师，程序中的哪些例程占用了所有的 CPU 时间，因此需要进行优化。该程序在工作负载下运行（让用户点击它，或让它处理来自网络的请求），然后对输出结果进行分析。分析器会告诉吉尔哪些例程被调用的频率最高。显然，这些例程是要首先检查的。没有理由让吉尔去研究那些不经常被调用的大部分代码，而最经常被调用的例程则可能有很大的漏洞。

将错误参数传递给系统调用的例程是另一个常见的安全问题。最常见的攻击是针对网络服务器，以获取对远程计算机的控制。一些商业工具试图发现这类问题。一种快速而肮脏的方法是使用系统调用跟踪器，如 ktrace 或 truss，来记录哪些系统调用被执行以及它们的参数是什么。这可以让你很好地了解可能的错误所在。

代码探索就是提出问题。挑战在于找到代码的正确部分并找到答案，而不必查看每一行（尽管这几乎是不可能的）。有一种工具我还没有在本文中提及，那就是你的大脑中的工具。你可以开始应用好的工程实践，即使它们没有被用来创建你正在探索的代码。

把你所发现的东西和事情是如何工作的记录下来，这将帮助你创建并牢记你正在探索的软件的运作方式。画图也会有很大的帮助，这些图应该和你的笔记一起以电子方式保存。你可能在物理课上学过然后又很快忘记的那种好的实验设计也是有帮助的。仅仅敲打一段代码直到它起作用，并不是弄清楚问题的有效方法。设置一个实验了解代码为什么以某种方式运行可能需要花费很多心思，但通常只需要很少的代码。

最后，我最喜欢的工具之一是"愚蠢的程序员技巧（stupid programmer trick）"。你让一位同事查看代码，然后尝试向他或她解释代码的作用。你的同事十有八九什么都不需要说，很快你就会意识到发生了什么。拍拍自己的额头，说声谢谢，然后继续工作。通过系统地大声解释代码的过程，你已经找到了问题所在。

没有一种工具可以使理解大型代码库变得更容易，但我希望我已经向你展示了几种方法来完成这项任务。我想你自己会找到更多。

工具资源

Global（http://www.gnu.org/software/global/）

这是我尽可能应用于每个源代码库的工具。Global 实际上是一对工具：gtags 和 htags。第一个工具是 gtags，它基于 C、C++、Java 或 YACC 中的源码树，构建一个有趣的连接数据库。一旦构建了数据库，你就可以使用你的编辑器（支持 Emacs 和 vi）在源代码中跳转。想知道你要调用的函数是在哪里定义的吗？直接跳到它就行了。第二个工具是 htags，它获取源代码和由 gtags 生成的数据库，并在一个子目录中创建一个可浏览的 HTML 版本的源代码。这意味着，即使你不使用 Emacs 或 vi，你也可以轻松地在源代码中跳来跳去，找到感兴趣的连接。构建数据库相对较快，即使对于大型代码库也是如此，并且应该在每次从源代码控制系统更新源代码时完成。

Exuberant Ctags（http://ctags.sourceforge.net）

适用于几十种语言：Ant、Asm、Asp、Awk、Basic、BETA、C、C++、C#、Cobol、DosBatch、Eiffel、Erlang、Flex、Fortran、HTML、Java、JavaScript、Lisp、Lua、

Make、MatLab、OCaml、Pascal、Perl、PHP、Python、REXX、Ruby、Scheme、Sh、Slang、SML、SQL、Tcl、Tex、Vera、Verilog、VHDL、Vim、YACC。在多语言环境中非常有用。

Cscope（http://cscope.sourceforge.net/）

Cscope 最初是在 20 世纪 70 年代由 AT&T 贝尔实验室编写的。它回答了许多问题，例如：这个符号在哪里？全局定义的东西在哪里？这个函数调用的所有函数都在哪里？调用这个函数的所有函数都在哪里？与 Global 类似，它首先从你的源代码构建一个数据库。然后，你可以使用命令行工具、Emacs 或为数不多的 GUI，与该系统一起工作，以获得问题的答案。

gprof（https://ftp.gnu.org/old-gnu/Manuals/gprof-2.9.1/html_mono/gprof.html）

这是大多数开源 UNIX 系统上的标准分析工具。它的输出是一个例程的列表，按照它们被调用的频率以及执行它们所花费的程序 CPU 时间的多少来排序。这对于确定从哪里开始寻找程序中的安全漏洞很有用。

ktrace

这是开源操作系统上的一个标准工具。这个名字代表"内核跟踪"。它将为你提供一个由程序进行的所有系统调用的清单。其输出结果包括调用的参数和接收的返回值。你可以通过在 ktrace 下面运行一个程序然后通过 kdump 转储输出来使用它。它在所有开源 UNIX 操作系统上都可用。

DTrace

DTrace 最初是在 Solaris 上开发的，但现在可以在 FreeBSD、Linux 和 Windows 上使用。关于这个工具最好的参考资料仍然是 Brendan Gregg 和 Jim Mauro 写的书[⊖]。

Valgrind（https://valgrind.org）

有助于发现 C 和 C++ 程序中的各种内存泄漏问题。

⊖ Brendan Gregg, Jim Mauro: *DTrace: Dynamic Tracing in Oracle Solaris, Mac OS X, and FreeBSD*, 2011。

2.6　输入验证

如果建筑商以程序员编写程序的方式建造建筑物，那么出现的第一只啄木鸟就将摧毁文明。

——Gerald Weinberg

在软件和安全领域有很多愚蠢的事情，也许最愚蠢的是程序员仍然一直无法记住验证他们的输入。从跨站点脚本到 SQL 注入攻击，再到其他许多事情，不对输入进行正确的验证会导致主机上出现大量问题。关于这一点，也许我最喜欢引用的是 Randall Munroe 的漫画"xkcd"，其中写到一个孩子，名字叫 Drop Tables，参见 https://xkcd.com/327/。现在有很多关于这一主题的库和指南，适用于你能想象到的每一种计算机语言，所需要的只是使用它们的意愿。

亲爱的 KV：

我在一家公司工作，该公司开发各种不同的网络应用程序。从博客、新闻网站到邮件和金融系统，我们几乎什么都做，具体做什么则取决于客户想要什么。

目前，我们工作中最大的问题是与输入验证相关的 bug 数量。这些 bug 会把人搞疯，因为每次修复其中一个 bug 时，同一代码中就会出现一些其他问题，而签入的代码就像意大利面一样。如果没有一些神秘的技术，比如自然语言理解，有没有办法摆脱这种混乱？

Input Invalid（输入无效）

亲爱的 II：

你已经遇到了自从我们愚蠢地让非工程师（即用户）触摸我们漂亮的"玩具"以来最大的编程问题之一。当然，如果计算机不能为真实的人做一些事情，那么它们就不是很有用。但这是一件痛苦的事情。如果没有人的话，系统会干净得多。唉，用户的输入是生活中的一个事实，也是我们每天都要处理的一个问题。用户输入也是软件安全漏洞的最大来源之一，任何 Bugtraq 邮件列表的读者都会告诉你这一点。

处理用户输入的第一条规则是："不要相信任何人！"尤其是你的用户。虽然我敢肯定他们中的 90% 都是非常好的人，这些人每周都会在指定的时间去他们选择的宗教圣地，或者做任何一个非常好的人会做的事情。我实际上不认识任何这种非常好的人，但我听说过他们。尽管如此，还是有少数坏人，他们会把你漂亮的 Web 表单视为一个偷钱、恶作剧和造成破坏的地方。其余的人，那些我从未见过的非常好的人，实际上不会攻击你的系统，他们只会以他们认为合乎逻辑的方式使用它，如果他们的逻辑和你的逻辑不匹配，就会崩溃。我讨厌崩溃，因为那就意味着熬夜和医生对我的酒精和咖啡因摄入量的警告，如果他在处方药上很吝啬，那我也无能为力，但我们现在先不谈这个。

第二条规则是："不要相信自己！"也就是你应该检查你的结果，以确保你没有遗漏任何东西。仅仅因为你向用户发送了一些东西，并不意味着他们在返回给你之前没有对它做一些奇怪的事情。一个简单的例子就是 Web 表单。如果你依赖于你发送给用户的 Web 表单中的数据，你最好检查整个表单，而不仅仅是你希望用户用浏览器改变的部分。利用表单提交代码中的漏洞是一个简单的技巧，方法是发送带有正确用户输入的经过轻微改动的表单。

根据你的描述，看起来你所使用的系统使用了所谓的黑名单。黑名单是一套规则，说明哪些事情是不好的。在冷战期间，美国维护了黑名单，以防止不喜欢的人得到工作。如果你的名字在名单上，抱歉，没有工作给你。同样，软件使用黑名单来说明哪些类型的操作（在本例中是用户输入）是不好的。黑名单的问题是它们很难维护。它们一开始非常简单，比如"不接受带有 URL 的输入"。但很快就失控了，出现了"JavaScript"的名称列表，其中有许多不同类型的标记需要检查，以及，以及，以及……我希望你能理解。在可能的情况下，最好使用白名单。

毫无疑问，白名单与黑名单相反。白名单只包含允许的内容，通常很短。例如"只接受 ASCII 字母字符"。白名单的限制可能过于严格，但与黑名单相比有一个明显的优势，那就是你只有在为了使它变得更加宽松的时候才需要更改白名单。默认情况下，黑名单表示大部分都是允许的，只有列表中的条目是例外。

我的建议是使用白名单，并对用户提供给你的内容进行严格限制。刚开始，这有点苛刻，但这可能是保护代码的最好方法，既不会被用户发现，也不会让代码变成意大利面。

KV

2.7 与文档打交道

文档就如同欢爱，当它好的时候，简直美妙得无与伦比；当它糟糕的时候，又糟得一塌糊涂。

——Dick Brandon

长期以来，人们都认为程序员讨厌用文档记录他们的系统。"如果它很难写，它应该很难理解。"事实却完全不同，因为任何一个不得不看大量无文档代码的人都知道好的文档的价值。

许多人纠结于编写代码和设计文档的原因之一是，他们不理解这样一个事实，即每一篇好的写作，无论是虚构的还是非虚构的，无论是函数块还是硬件特性，都需要一个叙述，没有叙述，你就只是把文字在纸上乱写一通，而不是向读者传达任何有用的东西。具有讽刺意味的是，在软件中，我们有一些函数，它们通常将某些东西作为输入，然后将其转换成某种形式的输出，我不相信这不受叙述概念的影响。除了超现实主义小说之外，好的叙述会把读者从一个无知的地方带到一个启迪的地方。如果你正在用文档记录一个函数，可以简单地回答以下四个问题：

- ❏ 输入是什么？
- ❏ 输入的预期转换是什么？
- ❏ 输出应以何种形式到达？
- ❏ 有效和无效（错误）的返回值分别是什么？

对于比单个函数更高层次的概念，我们仍然需要把读者从无知的地方带到启迪的地方。文档的一个主要错误就是假设读者知道他们所不知道的知识，这并不意味着我们从一开始就要用细节向他们喋喋不休，但非常重要的是，要记住，即使读者就是未来的你，也需要有一些当前你脑海中的一些背景，你需要把它们写下来，这样你所要解释的东西才有意义。简而言之，在编写文档时必须考虑你的假设。对于软件来说，一个未表达或未编程的假设是一个 bug，这个 bug 还可能被编译器捕获，但在文档中，读者注意到你的未写假设的 bug 的唯一方式是，当他们试图使用这个系统或以某种方式调试或扩展它时，被绊倒。将假设从脑海中清除的一个好方法是为文档编写一个术语表，因为这将迫使你定义你的术语和扩展缩略词，这两者都是隐藏假设的良好来源。如果每个需要记录或与技术作家互动的程序员都多考虑一下叙述和他们的假设，那么整个软件的状态就会得到极大的改善。

好的文档，就像好的代码一样，在写完之后必须进行维护。对代码进行更改通常也需要对文档进行修改，除非代码的更改是为了修复 bug，而这个 bug 的修复使代码更接近于文档的原意。文档和测试一样，必须与代码保持良好的同步，否则它们很快就会变得毫无用处，或者更糟——将读者引向完全错误的方向。

亲爱的 KV：

你对诸如 Doxygen 这种从代码生成文档的系统有何看法？它们能取代项目中的手写文档吗？

Dickering with Docs（与文档打交道）

亲爱的 Dickering：

我不太清楚你所说的"手写"文档是什么意思。除非你的计算机有某种我还没听说过的奇特的心理接口，否则任何文档——无论是代码还是其他形式的文档，都是手写的，至少是用手敲出来的。如果你在键盘上用其他东西打字，请不要告诉别人。

我相信你实际上想问的是能够解析代码并提取文档的系统是否有用，对此我的回答是："是的，但是……"

任何类型的文档提取系统都必须要有可使用的一些东西才能启动。如果你认为从一段代码中提取出所有的函数调用和参数就足以称为文档，那么你就大错特错了。但不幸的是，持这种观点的人不止你一个。唉，与他人有共同的信仰并不意味着这些信仰是正确的。从 Doxygen 获得的关于典型的、未注释的代码库的内容甚至不能被称为" API 指南"。这实际上相当于在代码上运行一个奇特的 grep，并将其传送到文本格式系统，如 TeX 或 troff。

为了使代码被认为是文档化的，必须有一些与之相关的说明性词汇。尽管函数和变量名可能是描述性的，但它们很少解释隐藏在代码中的重要概念，例如"这东西实际上是做什么的"？许多程序员声称他们的代码是自文档化的代码，但事实上，自文档化代码是如此罕见，以至于我更有希望在去酒吧的路上看到独角兽载着曼提柯尔[⊖]。事实上，如果我真的看到了，我不仅不会那么惊讶，而且会很高兴，因为这意味着我的心态很好。自文档化代码的说法只不过是对懒惰的掩饰。在这一点上，大多数程序员都有很好的键盘，应该能够以每分钟 40～60 个字的速度打字，其中一些单词可以很容易地被抽出来用于实际的文档。我们又不是在古老的行式打印终端上打字。

Doxygen 这样的系统的优势在于，它提供了一个一致的框架来编写文档。将说明性文本从代码中分离出来是简单而容易的，这有助于鼓励人们对他们的代码进行注释。下一步是说服人们确保他们的代码与注释匹配。陈旧的注释有时比没有注释更糟糕，因为它们会在寻找代码中的 bug 时误导你。"但是它说它是做 X 的！"你并不想在盯着一段代码及其附带的注释数小时后，听到自己的尖叫声。

即使使用半自动文档提取系统，你仍然需要编写文档，因为 API 指南不是手册，即使对于最低级别的软件也是如此。API 文档是如何组合成一个完整的系统的，以及应该和不应该如何使用它，是优秀文档的两个重要特性，也是较差的那种文档所缺乏的东西。很久以前，我曾经在一家产品水平和技术含量都相对较低的公司工作过。我们有自动文档提取，这是很好的第一步，但我们也有一个优秀的文档团队。这个团队从代码中提取原材料，然后从公司的开发人员那里提取必要的信息，有时很温和，有时不那么温和，这样他们不仅可以编辑 API 指南，随后还可以编写更高级别的相关文档，使产品对那些没有编写它的人来说变得真正可用。

是的，自动提取文档是有好处的，但它不是问题的全部解决方案。良好的文档需要工具和严格遵循流程，以便产生对生产者和消费者都有价值的东西。

KV

⊖　曼提柯尔是一种传说中的怪兽，拥有红色的狮身、人面、人耳和蓝色的眼睛，上下颚各有三排利齿，尾端像蝎子一样长有致命的毒刺。——译者注

2.8　文档都记录什么

不正确的文档通常比没有文档更糟糕。

——Bertrand Meyer

当我们在和文档纠缠的时候，我们遇到了技术文档中一个非常常见的问题，那就是文档的作者盲目地从代码中提取注释，并把它们变成手册或其他文档，导致的情况是，文档很可能告诉我们，把一个变量或字段 A 的值设置为 1 会导致 B 被删除，但没有告诉我们为什么。

好的技术文档需要的不仅仅是叙述，正如 2.7 节中所讨论的那样，还必须帮助读者理解他们试图使用、集成或构建的系统的情况。下面的信件和回复尝试给文档作者一些提示，让那些阅读他们文档的人的生活不那么令人沮丧。

亲爱的 KV：

什么时候会有人编写文档告诉你"bits"的含义，而不是他们设置了什么？我一直在努力将一个库集成到我们的系统中，每次我试图弄清楚它想从我的代码中得到什么时，它都只告诉我它的一部分是什么："这是 foo 字段。"问题是，它没有告诉我设置这个字段时会发生什么，就好像我早就该知道一样。

Confoosed（迷茫的人）

亲爱的 Confoosed：

这个问题在硬件文档中最为普遍。告诉你什么是什么，却从不解释为什么或如何做，我确信但丁为那些以这种方式写文档的人列出了一个特别的地狱[⊖]。

这种方法的问题在于假设知识。大多数工程师，无论是硬件还是软件方面的，

　　⊖　但丁是意大利著名诗人，他在作品《神曲》中定义了每一层地狱。——译者注

似乎都认为他们所写的文档（如果他们写文档的话）面向的读者在开始阅读文档时，脑子里已经有了他们正在开发的小部件的全部背景知识。在这种情况下，文档是一个参考，而不是指南。如果你已经知道了你需要知道的东西，那么你就是在使用一个参考。如果你不知道你需要知道什么，那么你需要一个指南。在这一点上，重视文档的公司会雇佣一个像样的技术写手。

技术写手的工作就是从工程师那里挖掘出设备或软件是什么，并梳理出为什么和怎么做。这是一项微妙的工作，因为考虑到软件令人不可思议的延展性，人们可以就"是什么"写上几千页，更不用说"为什么"和"怎么做"了。最大的问题是，"是什么"是最容易回答的问题，因为在处理软件时，它就在代码中，在处理硬件时，它就在 VHDL（VHSIC 硬件描述语言）中。"是什么"可以在不与他人交谈的情况下提取出来，而谁真的愿意花一天时间去拔掉工程师的牙齿来获得关于如何使用他们的系统的连贯解释呢？由于"是什么"最容易获得，大多数文档都集中在这一部分，往往排除了其他两个部分。大多数教程文档都很短，然后在某些时候，剩下的部分被留作"读者的练习"。并且仅仅是锻炼。你有没有试过拿起一本参考手册？

尽管许多工程师和工程经理现在口口声声说需要"好文档"，但他们还是在大量制造垃圾，自从 IBM 故意留出空白页面以来，技术人员就一直在开这种玩笑。一个好的作者知道，他或她的工作是在读者的脑海中形成作者试图传达的感觉和形象。唉，程序员和工程师很少被认为是优秀的作者。事实上，他们通常被认为是糟糕的作者。事实证明，作者往往想要在某种程度上与人建立联系。然而，这并不是人们通常对技术人员的描述，实际上情况恰恰相反。我们大多数人都想躲到一个角落里并"做一些酷的事情"，不被打扰。不幸的是，我们没有人是在真空中工作的，所以我们至少必须学会与我们的同类有效地沟通，即使只是为了我们自己的项目期限。

每个软件和硬件开发人员都应该能够回答以下关于他们正在开发的系统的问题：

1）你为什么要添加这个（字段、功能、API）？

2）如何使用该字段、功能或 API？举个例子。

3）还有哪些字段、功能和 API 会受到你所描述的这个的影响？

如果第一个问题的答案是"管理层让我这么做的"，那么是时候解雇管理层了，或者找一份新的工作。

KV

2.9　暴躁的测试人员

> 测试是将不可见的东西和不明确的东西进行比较的过程，以避免不明确的东西发生不可想象的事情。
>
> ——James Bach

关于谁是许多程序员最不喜欢的事情，文档和测试之间的竞争很激烈，而多年来开发过程中的变化，如面向测试的开发，对这种态度也几乎没有影响。在时间压力下（几乎每个人都有这种压力），大多数程序员更喜欢写代码而不是测试。从理智的角度来看，许多人都知道这是错误的方法，但从直觉的角度来看，如果要选择的话，最重要的总是代码行数，而不是测试的数量。

对于那些没有把所有时间都花在编写测试上的程序员来说，最大的挑战之一是要知道从哪里开始。在这里，我列出了一些好的测试代码的简单指导原则，它们至少应该能让大多数人走上正确的道路。

关于测试最重要的事情之一可能与心态或方法有关。良好的第一步是养成将测试视为科学方法的应用的习惯（参见 2.1 节）。下一步，这对大多数人来说是非常困难的，就是丢掉对自己代码的假设。第二步被认为非常困难，大多数人都认为这是不可能的。相反，他们宁愿在开发代码的人和开发测试的人之间交换代码。有一个严重的错误，就是让两个不同的人来开发测试，许多公司认为他们可以雇佣经验不足，也就是成本较低的开发人员来编写测试。但事实上，测试和代码开发同样具有挑战性，处理假设问题的更聪明的方法是让同等水平的开发人员花一部分时间编写代码同时花一部分时间编写测试，并交换他们的工作。Alice 编写由 Bob 测试的模块 A，Bob 编写由 Alice 测试的模块 B。QA 团队的角色应该是提供全面的测试基础设施，并填补遗漏的关键测试漏洞，毕竟，就算 Alice 和 Bob 工作都很出色，他们仍然会遗漏一些东西。

亲爱的 KV：

　　我刚刚加入了一家构建大型网络服务平台的公司，我在他们的 QA 小组工作。我目前的工作是为系统编写单元测试，并将它们连接到我们的每晚回归测试套件中。团队中的许多开发人员抱怨我的测试毫无意义，只是在浪费时间。这些开发人员实际上并不自己编写测试，所以他们怎么知道呢？我受够了这些人的折磨。你是写测试还是只写代码？你怎么知道你写的测试是好的测试呢？

Testy Tester（暴躁的测试人员）

亲爱的 Testy：

　　首先，所有优秀的程序员都会编写测试。没有一个值得支付薪水的程序员会整天只写代码而不去看它是否能运行。所以，对于你的第一个问题，我的回答是：是的，我编写测试。实际上，我私下里喜欢为别人的代码编写测试，就像为自己的代码编写测试一样。为其他人的代码编写测试是了解一个系统以及程序员如何思考的一个有意思的方法。为我自己的代码编写测试只是确保我看起来不像个白痴，我讨厌这样。

　　你的问题的实质可能需要我花更多的时间来回答，所以我将简要介绍一下我个人认为好的测试创建。也许最容易创建的测试集，也是我认为大多数程序员都熟悉的测试集，是在有人发现你犯了一个轻微的错误后编写的测试集，我们姑且称之为一个错误。你只需遍历 bug 库，并为每个 bug 创建一个测试，将它们关联到某种自动化的工具中，然后就可以了。这是一个很容易让自己在老板面前看起来不错的简单方法。你有大量的工作要做，而且你可以展示这个产品不会像以前那样崩溃了。我相信，并且也知道其他人不同意，这类测试应该由修复 bug 的开发团队来编写，而不是由开发团队以外的人员来编写。你把它弄坏了？那你就修复它！然后你要测试它！还要确保它不会再崩溃了。不幸的是，由于我把这项工作交给了程序员，对不起，我夺走了 QA 团队的工作。

　　从你的信中，我不太确定你的同事在你的测试中看到的问题是什么，但我可以告诉你我过去在测试团队中工作时感到恼火的一些事情。第一个是愚蠢测试综合征，简称 STS。STS 通常是由管理人员引起的，他们仍然相信用代码行数而不是工作质量来衡量工作。这些管理者要求对一切都要进行测试，而从来没有考虑过应该测试什么，也没有权衡过风险。因此，QA 团队开始忙碌地为系统中每个可能的问题编写测试，从任意的 A 点开始，一直工作到产品发布。最终，测试变得非常烦琐，以至于要花上一整晚的时间才能运行，但又很少能发现任何糟糕的问题。这样做无效的原因是，QA 团队不被允许使用他们的大脑这一重要资产来编写测试，以发现对系统用户来说最糟糕的 bug。避免 STS 需要做一些事情。首先需要头脑，我相信你有，因为你设法给我写信了。需要的第二件事是与设计和实现该系统的人建立工作关系。你必须能够提出问题，这样你才能把你的努力指向风险最大的领域。当有 10 000 行实验代码，或者只是一些奇怪的代码，作为公司的秘密资源也需要测试时，测试一个简单且容易理解的库接口就没有什么意义了。避免 STS 的最后一件事，是需要一个理解做好测试意味着什么的经理或管理链。如果你是为一些疯狂的人工作，那么你就处于劣势，你必须绕过他们才能编写出好的测试。不过，几个月后，编写得好的测试将会得到回报，因为你将成为团队中发现问题最多、最棘手的人。

另一件让我恼火的事，也可能是抱怨的源头，那就是分散在各处的随机测试，没有清晰的条理。我非常相信好用的测试工具。让程序员能够轻松编写测试，他们就会为你编写，甚至会在发布代码前运行这些测试。如果你的测试位于你的主目录中，并且需要大量的设置，那么你可能不要寄希望于通过它们获得任何帮助。测试不应该是一次性的，它们应该是系统的一部分，就像软件一样。

所以，如果你有 STS，或者你的测试只是零零碎碎的，你就知道为什么你的同事在抱怨了。根据我的经验，编写好的测试所需的技能有些不同，但这些技能与编写好的代码所需的技能具有同样的价值。在大多数情况下，要写出好的测试需要头脑、好奇心和打破常规的嗜好。

KV

2.10 如何测试

乐观主义是编程的一种职业危害：反馈才是治疗方法。

——Kent Beck

经过多年来 KV 对测试的抨击，终于有人写信来问："什么是好的测试？"这似乎是一个合理的观点。下面的回复中给出的示例是一个网络防火墙测试，但这里给出的建议可以应用于任何系统。在我收到这封信的时候，碰巧我正在研究防火墙，我的首要任务就是弄清楚它出了什么问题。测试甚至比写代码更应该服从于科学方法，我们在 2.1 节中讨论过它。每个测试都应该基于一个关于系统的假设，并且应该展示这个假设是真是假。自动化测试框架的好处是，你现在有一个地方挂起这些假设，并且能够在持续集成中运行它们。

亲爱的 KV：

你写了关于测试的重要性，但我没有在你的专栏中看到任何关于如何测试的内容。告诉每个人测试是好的当然没问题，但多些细节会更有帮助。

How Not Why（如何不为什么）

亲爱的 How：

对于这个问题，狡猾的回答是：测试软件的方法太多了，无法在一个专栏中给出答案。毕竟，已经有很多关于软件测试的书籍。这些书大多很可怕，而且大部分都是理论性的。任何不同意的人都可以给我发一封电子邮件，里面列出自己最喜欢的关于软件测试的书籍，我会考虑公布这个列表或者抛弃这个建议。我在这里要做的是描述我是如何为特定类型的测试建立各种测试实验室的，这可能会有一些用处。

任何测试方案都有两个要求：相关性和可重复性。测试驱动开发是一个很好的想法，但是为了编写测试而编写测试与使用 KLOC 度量软件工程师的生产力是一样的。为了编写有意义的测试，测试开发人员必须对软件领域足够熟悉，才能进行测试，以确认软件工作正常，并尝试拆解软件。关于这个话题已经写了很多内容，所以我打算切换话题，来谈谈可重复性。

当在同一系统上执行两个不同的测试互不干扰时，测试被认为是可重复的。我自己工作中的一个具体例子是各种软件的缓存，如路由和 ARP 表，这可能会加快数据包转发的一系列测试中的第二次测试。为了实现可重复性，运行测试的系统或人员必须能完全控制运行测试的环境。如果被测试的系统完全由单个程序封装而没有副作用，那么在相同的输入上重复运行该程序就满足要求了。但大多数系统都没有这么简单。

从测试防火墙的具体示例开始：要测试将包从一个网络传递到另一个网络的任何网络设备，你至少需要三个系统：一个源、一个接收器和被测试的设备（测试术语中的 DUT）。正如我前面指出的，测试的可重复性需要能够对被测试系统进行一定程度的控制。在我们的网络测试场景中，这意味着每个系统至少需要两个接口，而 DUT 需要三个。源和接收器都需要一个控制接口和一个可以向 DUT 发送或从 DUT 接收数据包的接口。"为什么我们不能使用控制接口来发送和接收数据包呢？"我听见你哭了。"所有这些东西的布线很复杂，而且我们在同一台交换机上有三台计算机，我们现在只可以测试这一点。"它的工作方式是，所有系统上的控制和测试接口必须是不同的，以防止测试期间的干扰。无论你要测试什么，都必须确保减少外部干扰的数量，除非这正是你想要测试的。如果你想知道系统对干扰的反应，那么可以设置测试来引入干扰，但不要让干扰无缘无故地突然出现。在我们这个特定的网络案例中，我们希望保持对所有三个节点的控制，无论我们在跨越防火墙时发生什么情况。在压力下保持对系统的控制绝非易事。

保持对系统的控制的另一种方法是访问串口或视频控制台。这需要更专业的布线，而不仅仅是一堆网络端口，但这是非常值得的。通常，在不好的事情发生时，重新控制系统的唯一方法就是通过控制台登录。

控制的最后退路是远程重启正在测试的系统的能力。现代服务器有一个带外管理系统，如 IPMI，它允许具有用户名和密码的人远程启动机器，以及执行其他底层系统管理任务，包括连接到控制台。每当有人希望我以我所描述的方式测试网络系统时，我都会要求他们通过网络连接的电源控制器进行带外电源管理，或者在有问题的系统上使用 IPMI。在测试过程中，最令人沮丧的事情莫过于让系统自己接入，或者不得不走到数据中心去重置它，或者更糟糕的是，让你的远程协助来为你做这件事。我曾在测试中浪费了大量时间，因为有些人无法在他们的服务器上安装 IPMI，也没有安装一个合适的电源控制器。看来忽视细节是普遍存在的，当我看到一个糟糕的测试设置时，我也应该准备好看到糟糕的代码。

现在，我们知道了必须保持对系统的控制，我们有几种方法可以通过单独的控制接口来做到这一点。最后，我们必须能够控制系统的电源。大多数测试实验室面临的下·个问题就是获取必要的文件。

曾经有一家工作站公司发现，如果他们能够将文件集中存储在一个更大、更昂贵的服务器上，他们就可以售出大量廉价的工作站。网络文件系统（Network File System）就这样诞生了，这是一种备受诟病但仍然有价值的在一组系统之间共享文件的方式。如果你的测试会以任何方式破坏系统，或者如果用新的软件升级系统会删除旧的文件，那么你就需要使用某种形式的网络文件系统。最近，我看到人们试图使用分布式版本控制系统（如 git）来处理这个问题，在这种系统中，测试代码和配置被签出到测试组中的系统上。如果每个人都勤奋地签入并推动测试系统的更改，这可能会起作用。但在我的经验中，人们从来没有这么勤奋，并且不可避免地会有人升级具有关键测试结果或配置更改的系统。使用网络文件系统可以让你的头发少掉一点（我应该早点吸取这一教训）。确保网络文件系统通信通过控制接口而不是测试接口。这应该是不用说的，但在测试实验室建设中，许多我认为不言而喻的事情都需要说出来。

至此，我们已经满足了网络测试系统的最基本要求：可以控制所有系统，并且有办法确保所有系统都能看到相同的配置数据，而不会有数据丢失的风险。现在是编写控制这些系统的自动化程序的时候了。对于大多数测试场景，我倾向于在每次运行测试时重新启动所有系统，这将清除所有缓存。这并不是所有测试的正确答案，但它确实减少了之前的运行的干扰。

KV

2.11　开启测试模式

寻找隐藏在代码中的错误已经足够困难了，但当你假定你的代码中本身就没有错误时，那这就更困难了。

——Steve McConnell

有喜欢添加代码的程序员，也有喜欢删除代码的程序员。对于一些人来说，没有什么比删除死代码更令人满意的了，这实际上就是程序员版本的除草。在软件中，就像在园艺中一样，除草是我们工作中的一个重要事项，因为它清除了未使用的代码，降低了代码的规模和复杂度，从安全的角度来看，还减少了攻击面。当人们不知道某物是杂草还是生态系统中重要的、具有保护作用的部分时，那么问题就来了。

下面的信件和回复涵盖了保留纯粹用于测试的代码的情况。许多系统通过条件编译对这类代码进行了保护，但也有其他系统将测试代码完全嵌入到系统中。保留嵌入的测试代码有一些明显的优势。发布测试代码意味着，如果有问题需要在生产环境中或在使用代码时进行调试，那么打开测试代码并运行测试是很简单的。如果测试代码没有发布，那么就必须发送一个新的二进制文件，而在将测试代码编译进来与编译出去的过程中，总是有可能导致海森堡 bug（参见 2.16 节）。但是，如果留下来的代码在生产中使用时在某种程度上是危险的，就像在下一个例子中一样，该怎么办呢？好吧，让我们看看我对此有什么要说的。

亲爱的 KV：

在审查我们产品中的一些加密代码时，我遇到了一个允许空加密的选项。这意味着加密可以被打开，但数据永远不会被加密或解密。它将始终以"透明"的形式存储。我从我们最新的源代码树中删除了该选项，因为我认为我们不希望一个毫无戒心的用户打开加密，但数据仍以透明的形式存储。我团队中的一个程序员审查了这个潜在的更改，并阻止了我提交，说这个空代码可以用于测试。我不同意她的观点，因为我认为意外使用该代码的风险比简单的测试更重要。我们谁是对的呢？

NULL for Naught（没有用的 Null）

亲爱的 NULL：

我希望你听到我说阻止你的人是对的时不会感到惊讶。关于测试的重要性，我已经写了相当多的文章，我相信加密系统非常关键，需要额外的关注。事实上，空加密选项在测试加密系统时可以发挥重要作用。

使用加密技术的大多数系统不是单个程序，而是可以在构建或运行时放置不同加密算法的框架。众所周知，加密算法还需要大量的处理器资源，以至于产生了专门的芯片和 CPU 指令来提高加密操作的速度。如果你有一个加密框架，并且它没有空操作——一个只需要很少或根本不需要时间就可以完成的操作，那么如何衡量框架本身带来的开销呢？我明白，在性能分析中，建立基准度量并不是一种常见做法，这是我在用拳头砸桌子、大喊脏话时得出的结论。

拥有一组空加密方法可以让你和你的团队几乎独立地测试系统的两个部分。对框架进行更改，然后就可以确定这是否提高了框架的整体速度。添加一组真实的加密操作，你就能够测量更改对最终用户的影响。你可能会惊讶地发现，对框架的更改并没有从总体上提升系统的速度，因为由框架带来的开销可能非常小。但是，如果你删除空加密算法，则无法发现这一点。

更广泛地说，任何框架都需要在没有嵌入操作的情况下，进行尽可能多的测试。在专用的环回接口上比较网络套接字的性能，可以帮助建立一个显示网络协议代码本身开销的基准。专用环回接口消除了所有硬件的影响。空磁盘可以显示文件系统代码中的开销。用简单的函数替换数据库调用，以去弃数据并返回查询的静态结果，将显示你的 Web 和数据库框架中有多少开销。

很多时候，我们常常试图优化系统，但却没有充分分解它们或将各个部分分离开来。复杂系统会产生复杂的测量结果，如果你不能对组成部分进行推理，你就肯定不能对整体进行推理，任何声称可以的人都是在吹牛。

KV

2.12　维护模式

所有的编程都是维护性编程，因为你很少去写原创代码。

——Dave Thomas

我不认为每一个程序员从学校出来时就期望在一个新的领域里编写新的代码，但这就是计算机科学课程教授的方式。学生们通常需要按照原创的要求去编写代码，这样便于评分，但这完全无法训练他们适应未来的工作生活。

大多数软件工作者的日常工作都是在一系列已有的软件堆栈堆成的大山上进行的。我们都在为这座大山添土，但我们很少能够离开它去创造一些全新的东西。鉴于这一事实，我们最好学会如何处理维护这座山的西西弗斯式任务⊖。

当然，如果系统被设计成易于维护的话，软件维护会更容易，而实际情况往往并非如此。大多数软件都是在现有基础上设计和构建的，也就是说几乎没有设计。构建可维护的软件需要有清晰的设计，实现时遵循一些基本模式，并且生成的代码除了原作者之外，其他人也能读懂。

亲爱的 KV：

软件维护是不是用词不当？我从来没有听说过有人每年都要检查一段代码，只是为了确保它仍然处于良好状态。软件维护似乎只是 bug 修复的幌子。当我想到维护时，我想到的是把我的车送去换机油，而不是修复一段代码。有谁会在代码已经在生产环境中运行后还真正审查它呢？

Still Under Warranty（还在保修期内）

⊖　西西弗斯是希腊神话中一位被惩罚的人。他必须将一块巨石推上山顶，而每次到达山顶后巨石又滚回山下，如此永无止境地重复下去。西西弗斯式的任务就是指永无尽头而又徒劳无功的任务。——译者注

亲爱的 Still：

简短的回答是：是的，"软件维护"一词是计算机行业的另一个新说法，可能是为了让人们不必在简历上写上"bug 修复人员"而发明的。既然无知者无畏，我也许不应该再进一步回答你的问题，但我发现现在不能遵守这个规则。

虽然"软件维护"这个词除了 bug 修复之外没有什么其他意义，但是你提出的问题有更深层次的含义。对汽车或任何其他机器进行维护的原因是，随着时间的推移，它的活动零件会磨损。零件磨损是因为它们受到物理压力的影响，例如两个齿轮，其中一个驱动另一个，以便将能量从发动机传递到车轮。软件不会受物理压力的影响，虽然我最近刚刚读过一些代码，它们理应受到物理压力的影响，或者至少它们的作者应该受到物理压力的影响。尽管软件本身在重复执行后不会磨损，但维护在软件行业中仍有一席之地。

对于真正的软件维护，更现代的另一种新说法是：重构。不幸的是，我们所想出的用来描述行业中一些简单而直接的东西的每个术语，几乎都立即被贬低，以至于失去了所有的意义。虽然我一般不反对贬低，但在这里，它确实让我们的生活变得更困难了。许多人错误地使用"重构"这个词来表示："哦，我们真的搞砸了我们在过去六个月里编写的整个系统，所以我们将不得不从头再写一遍，但我们将保持程序的名称以及许多类的名称不变。当然，我们将不得不更改所有类的内部，它们的方法签名，以及程序中大约 90% 的其余文本。但从外部来看，它依然是一样的，除了所有的特性也将改变。"当你替换了大部分的 API、代码内部结构和特性时，就不是重构也不是维护，而是一次重写。

重构实际上是指你有一些函数或类，只需经过少量的修改，就可以在另一个程序中使用。正是这种更真实的重构类型，开始看起来像软件维护。之所以说重构更像维护，是因为你处理的是几个移动的部件，它们之间不再能够很好地配合。在之前使用它们的程序或系统中，它们配合良好，否则该程序就不会正常工作。但它们与新设计并不匹配。因此，你需要添加一点润滑油，或者从齿轮上去掉几颗齿，以使它们在新的应用程序中运行良好。

当你重构一段代码时，也是考虑原始设计的最佳时机。它最初是否有意义，现在是否有意义，以及你是否想要在未来坚持这种设计。我并不是说你应该重新编写你看到的每一段代码，只是为了让它更整洁、更好、更通用等。你甚至不能想象，我会给人们许可，让他们去摆弄系统中的所有代码。这种狭隘的想法确实应该招致鞭笞，但我听说目前大多数工作场所都不允许这样做。

当你在维护时，哦，我是说在重构时，请记住，无论你更改了什么，都必须进行测试。仅仅因为你"只是通过添加一个非常小的字段改变了 API"，并不能成为你不测试修改内容的借口。如果你不这样做，我可以保证你会重新进行老式的软件维护（即 bug 修复）。

KV

2.13　尽早合并

早合并，勤合并。

——佚名

下面这封信是在 git 赢得本轮版本控制系统（Version Control System，VCS）之战之前写的。在 git 是主要版本控制系统的世界里，几乎所有人想到的都是合并，因为这是 git 唯一的操作模式。这里回答的问题与特定的 VCS 没有直接关系，而是更多地涉及你希望以什么频率与同事分享你的工作，以及你愿意以什么频率将他们的错误（我的意思是修改）纳入你自己的工作。

亲爱的 KV：

在进行合并开发时，应该多久进行一次合并？很明显，如果我等待太久，那么我将在合并地狱中度过几天，那里似乎什么都不起作用，并且我将更频繁地使用恢复命令，而不是提交。但是，分支开发的全部意义在于能够保护开发的主要分支不受不稳定更改的影响。有没有一个皆大欢喜的折中方案？

Merge Daemon（合并恶魔）

亲爱的 Merge：

多年来，人们一直在问我关于"皆大欢喜的折中方案"的问题，不仅仅在分支开发方面，在许多领域都是如此。我不知道你是否注意到这一点，但这些问题的主旨很少是令人愉快的，更不会产生任何可以被认为是折中方案的结果。

在处理合并炼狱（如果它是地狱，你就没有逃脱的机会，但你可以从炼狱中找到出路）时，有两个相关的主题。第一个主题与你的软件开发方式有关。如果代码的各个部分之间有定义明确的边界，那么你真的根本不应该进入合并的炼狱，因为如果你正在处理一个组件，那么其他人就不应该会对它进行修改。唯一的例外将是你的部分已经完成，并且做得很好。当然，这在任何规模超过几个人的项目中都不太可能。

项目经常存在这样的问题：每个人都参与了所有的代码。如果项目很小，这并不难解决。你可以简单地与项目中的其他参与者一起坐下来，并按照一些逻辑边界划分工作。在一个大型项目中，很可能会有几个人同时查看和修改同一段代码。也许一个人在修复 bug，而另一个人在开发新功能，或者有两个版本的产品或项目有不同的团队在同一条主线上工作。无论哪种情况，你都应该做一些事情来避免"炼狱"，例如拥有一个自动化的构建过程，以便在合并或签入了有问题的东西时，每个人都能知道。有关这方面的更多信息，请参阅我在第 5.3 节中的回复。

与这一讨论更相关的第二个主题是合并的方向。当你在自己的分支上工作时，就像在大楼的一个角落里工作一样，通常这个角落是一个远离同事喧嚣的安静地方，在那里你可以集中精力工作，把事情做好。唉，当你在这个暂时的天堂中编程的时候，世界的其他部分仍在前行，伴随着所有的痛苦。如果你能一直留在天堂里就好了，但是你不能。

你有两个选择：尽可能长时间地留在天堂中，然后在最后勇敢地跨进合并炼狱的入口；或者让小的痛苦一点点地进入你的世界。在这种情况下，痛苦是从主分支合并而来的，每个人都在其中提交更改，你所有的痛苦最终都来自于此。当我从事分支开发时，在这一点上，大约有 95% 的时候，我会尽早合并，并且勤合并，就像我投票时一样。

现在，当我说"尽早合并"时，我不是指"一大早"。事实上，我几乎从不说"一大早"，因为我真的不相信有这样的时间存在，任何试图告诉我有这样的时间的人，我都认为是我想象出来的。具体来说，我建议在编写或调试自己的代码之前不要合并其他人的代码。没有什么事情比开始工作时发现别人的坏代码把你漂亮的分支搞得一团糟更令人沮丧的了。先做一些你想做的事情，然后把一些主要分支的痛苦融入你自己的痛苦中。我更喜欢在我完成了自己的一些工作后，再进行这种类型的合并。这样至少我开始的时候心情很好，而修复分支的苦差事将把我带回一个中性的状态，而不是让我陷入抑郁。我想说的是，在一个快速发展的项目中，你应该尽量每天从主要分支合并一次，而且每周不少于一次。一周内可能会发生很多事情，而你肯定不想把周末花在修复你负责的分支上吧。

什么时候将代码合并回代码树中最好？这取决于你要合并的是什么。如果是 bug

修复，则需要在测试后尽快将其合并，因为可能还有其他人依赖于这些 bug 修复。对于功能，它们应该是完整的，也就是经过测试并随时可以使用。完整并不意味着没有 bug。在某些时候，你必须停止清理这些垃圾，而是直接把它们放进系统。

　　这涵盖了何时合并的过程部分，但还有一个工具组件。一些源代码控制系统根本没有支持分支开发的工具，而另一些则鼓励大量的分支开发，以至于代码永远不会回到主线上。如果你想要进行分支开发，请避免这两种类型的系统。

　　一个好的面向分支开发的系统必须包含一个用于比较多个版本文件的合适工具。在更好的情况下，源代码控制系统应该可以自动处理所有合并，但目前这还不现实，所以执行合并的行为实际上是在处理合并过程中的异常。

　　如果计算不同分支中文件差异的工具很差，那么集成这些差异的工作就会大量落在你的肩上。人们之所以称之为"合并地狱"，并不是因为合并本身，而是因为需要大量的人工干预。你希望 Bob 编写的 1.2.2.1 版本的代码与你当前版本的代码合并吗？正是这些决策让合并变得如此令人不快。从积极的方面来看，这是一个已知的问题，许多人都在努力为我们提供更好的工具，所以这是一个实际情况正在改善的领域。

　　总而言之，我的建议是每天将变更集成到你的分支中，但不是在一天开始的时候。另外，使用一个现代的源代码控制系统，该系统要对合并变更和解决差异有很好的支持。

KV

2.14　多核怪兽

软件变慢的速度比硬件变快的速度要快。

——Niklaus Wirth

十多年前，硬件行业告诉软件行业，我们的处理能力即将耗尽，为了解决这个问题，硬件行业将为软件行业提供更多的处理核心，而不是增加单个 CPU 的频率。随着芯片上晶体管数量的不断增加，他们只能这样做。如果 CPU 频率能够从那时一直增加到现在，我们将拥有 20GHz 的处理器，而不是峰值仅仅接近 5GHz，而且这些 CPU 还需要水冷。

硬件人员告诉软件人员"朝多核发展"的问题在于，硬件人员并不真正了解分布式系统、网络或锁定问题，大多数软件人员也是如此。为了充分利用所有这些核心，必须把问题以一种不会互相妨碍的方式分解，这是一个很难且一直未解决的问题。直到今天，即使利用多线程编写软件可能会更好，但大多数软件仍然以单线程的方式编写。在其他地方，我谈到了线程编程的问题，但在这里我只介绍多核问题，这是它的核心。

亲爱的 KV：

在过去的 10 年里，我注意到我的软件可用的 CPU 核心的数量一直在增加，但这些核心的频率并不比我离开学校时高多少。在这种趋势刚开始出现时，多核软件是一个大话题，但现在似乎没有那么多人讨论它了，因为系统通常有 6 个或更多的核心。大多数程序员似乎忽略了核心的数量，依旧像系统只有一个 CPU 时那样编写代码。这只是我的印象，还是说我今年可能选错了创业公司？

Core Curious（对核心好奇）

亲爱的 Core：

多核硬件对软件设计的主要贡献是将每个系统都变成了真正的并发系统。最近发布的一款数字手表有两个核心，人们仍然"认为数字手表是一个非常棒的想法"（就像道格拉斯·亚当斯的《银河系漫游指南》中的那样）。在目前的计算机语言被编写出来的时候，真正的并发系统又罕见又昂贵，只有政府研究实验室和其他类似的稀有场所使用。现在，任何一个小丑都可以从互联网上购买到并发系统，将其安装在数据中心，并向其推送一些代码。事实上，这些小丑只需按下一个按钮，就能在云端获得这样的系统。如果这种系统的软件也能这么容易获得就好了！

撇开现在大多数应用程序都是在多核通信服务器上实现的分布式系统这一事实不谈，我们对现代软件和硬件的并发特性有什么看法呢？简短的回答是，"这都是废话"，但这没有帮助，也没有建设性，而 KV 就是要提供帮助和建设性。

我们从计算机科学的发展过程中知道，在并发系统中可以同步执行 2 段不同的代码，而在现代服务器上，这个数字可以很容易地达到 32 或 64，而不仅仅是 2。随着并发性的增加，复杂性也在增加。软件被编写成作为一组线性步骤来执行，但是根据软件的编写方式，它可能被分解成许多小的部分，所有这些部分可能同时运行。只要软件不在并发代码之间共享任何状态，一切都没问题，就像任何其他非并发软件一样。软件的目的是处理数据，从而获取并改变数据或改变状态。不在并发部件之间共享状态的重要软件系统的数量是非常非常少的。

当然，专门编写的没有并发的软件，更容易管理和调试，但它也浪费了运行该软件系统的大部分处理能力。因此，越来越多的软件正在从非并发转换为并发，或从头开始面向并发编写。对于任何重要的系统来说，用一种新的并发感知语言重写软件，可能比用传统的并发原语改造旧软件更容易。

现在，我确定你已经读过一些看起来非并发的代码，也就是说，它在其进程中没有使用线程，你可能认为这很好，但是，唉，没有什么是真正好的。使用一组程序并让它们通过文件系统或共享内存之类的东西共享数据，这是一种实现某种程度的并发的早期常见方法，但它并不能保护系统免受死锁或其他并发错误的危害。通过在两个并发进程之间传递一组消息，就可能会让软件死锁，就像对 Posix 线程和互斥执行相同的操作一样。这些事情都可以归结到同样的问题：数据和数据结构的幂等更新、死锁的避免和饥饿的避免。

这些主题在有关操作系统的书籍中都有涉及，主要是因为操作系统首先面临这些挑战。如果在本书介绍之后，你仍然对此感到好奇，那么我建议你去选择一本这样的书，这样你至少能了解并发系统的风险，以及在构建与不断调试此类系统时可能会遇到的隐患。

KV

2.15　这不是一个产品

如果一开始没有成功，就称它为 1.0 版。

——Pat Rice

你怎么知道一个系统什么时候完成？你能设置一个计时器吗？量一下它的温度，看看有没有烤熟？许多公司喜欢推出 beta 版的软件，看看市场对它的反应如何，以及产品是否能引起关注，就像营销人员习惯说的那样，这些话让 KV 想要"祝他好运"。有些公司，这里我想到的是谷歌，甚至会将软件投入使用数年，还将其标记为 beta 版，作为一种收集用户和数据的方式，以便制作 beta 版之后的版本。当圆滑的营销或垄断的市场份额允许公司将不成熟的系统强加给用户时，这是不幸的，尽管用户宁愿选择不成熟的产品也不愿意什么都没有。唉，"买者自负"在软件行业与在其他行业一样适用。

亲爱的 KV：

　　去年我们花了一年时间购买并部署了一套监控系统到公司的生产网络中，然后在制造商的系统软件中遇到了第一个 bug。在我们报告了这个 bug 后，制造商要求我们将系统升级到最新版本。然而，升级过程需要我们将设备重置到出厂默认设置，这会丢失每个系统上的所有配置信息，并且需要安排人员在升级后重新输入所有配置数据。

　　起初，我们认为可能只在本次跨主要版本的特定升级上会出现这种情况，但结果是，每次升级这些系统上的软件时，我们都必须重新输入配置数据。我想我们在购买系统之前就应该问这个问题，但是我们从来没有想到，有人会出售一个声称作为设备的机器，却在现场不能轻松升级。我组里的一个人建议我们把机器退回去，把钱要回来，但是，令人沮丧的是，这些是我们发现的最好的网络监控系统。

Down on Upgrades（升级困难）

亲爱的 Down：

看起来，你认为是产品的东西，也就是关心客户的人精心组装的一套部件，实际上只是一套在正常情况下工作得足够好的部件集合。不幸的是，会考虑其系统在 1.0 版之后会发生什么的公司数量相当少。

我很幸运，或者我应该说，在过去 10 年左右的时间里，我所接触过的销售人员很幸运，没有遇到太多像你描述的那样运作的系统。制造商要求用户或系统管理员在升级后重新输入已经保存的数据的想法是愚蠢的、荒谬的……我还有很多难听的词。

即使在设计最糟糕的产品中（我已经使用了很多这样的产品），通常也会有一些 Perl 代码负责将旧的配置数据转换为多半在最新版本中也有效的数据。

事实上，许多年前我负责过一个网络交换机项目，系统团队（负责将一个合理的操作系统和应用程序安装到机器上）所做的第一件事就是提出一种实地升级系统的方法。任何配置过交换机或路由器的人都知道，在升级时不能简单地丢弃配置。

可悲的是，正确地做到这一点并没有那么困难。大多数嵌入式系统现在使用精简的 UNIX 系统，如 Linux 或 BSD，所有这些系统都将它们的配置信息存储在众所周知的文件中。当然，这不是存储配置数据的最好方式，因为它往往有点分散，但编写一个脚本来处理版本之间的差异并协调它们也不难。在 FreeBSD 上有 etcupdate，在 Linux 上有 etc-update 和 dispatchconf。在一个设计合理的系统中，配置信息可能存储在一个简单的数据库文件或一个 XML 文件中，这两个文件都可以通过相当简单的脚本进行现场升级。

这正是设备与系统的区别所在，前者可以在几乎没有人为干预的情况下进行部署和维护，而后者则必须不断调整才能让其正常工作。一个可悲的事实是，许多程序员和工程师并不重视设备，反而更倾向于认为他们的用户应该"像个男人"，自己花时间来弥补最初设计师的考虑不周。

我仍然记得我最早见过的一个全数字立体声系统。它是围绕一台 Sun 工作站设计的，成本约为 15 000 美元。从你看到控制装置的那一刻起，就能知道设计者很少或根本没有考虑过人们真正想从音响系统中得到什么。大多数人想从音响中得到的是高质量的声音，希望只需按下最少的按钮就能得到他们想要的东西。我所看到的系统所呈现的是大量的按键操作，其音质与我从扩音器和 CD 播放机中获得的音质大致相同。虽然说用户界面已经很糟糕了，但与系统性能相比根本不算什么。在我最后走出商店之前，机器崩溃了三次。我从那次经历中得到的唯一收获，就是理解了系统和产品不是一回事。

系统是为完成一项工作而组合在一起的一系列组件的集合。产品是为用户顺利和自然地完成工作而设计和构建的系统。我当然可以把软件拼凑在一起，在计算机上翻录、存储和播放我的 CD。这是一个系统，而 iPhone 就是一个产品。当我升级手机时，我不会重新输入我的数据。如果我这么做了，这个产品就会在第一个版本死掉。考虑到现代家用电器的复杂性（让我们面对现实吧，你的电视可能有一个以太网接口），很明显，人们已经思考并解决了这个问题。

真正的问题在于设计这些设备的人。不知何故，一台设备要和一堆计算机混在一起。例如，在主机托管中，让实现者可以接受让他们的机器看起来更像一个开源桌面，将由经验丰富的 IT 人员或用户自己来处理。这是一个真正需要停止的做法，因为我不想让每个人都像我一样变成秃头。我的头发不是掉的，是我自己拔的！

KV

2.16　海森堡 bug

海森堡可能曾在这里睡过。

——佚名

沃纳·海森堡（Werner Heisenberg）不是一名软件工程师，而是一名物理学家，他的主要贡献之一是不确定性原理，即我们对物理系统中某一事物的某一部分了解得越多，对另一部分了解得就越少，例如粒子在空间中的位置与其速度。

海森堡 bug（Heisenbug）[⊖]是一个讨厌的问题，这就是它成为一个专有名词的原因，但与物理学中的问题不同，软件工程师实际上可以做一些事情来避免这些类型的问题。有一大堆的工具（包括硬件方面的和软件方面的）可以帮助解决这类问题。当你的软件工具不再具有捕捉这些 bug 所需的保真度时，花一点时间学习使用电路仿真器、JTAG 接口，甚至逻辑分析器就可以获得回报。大多数现代服务器 CPU 都有硬件观察点以及各种类型的性能监测系统，这些工具也可用于跟踪这些问题。

亲爱的 KV：

我工作的公司在一个周末推出了一个新的监控系统，但它工作得没有像我们希望的那样好。当第一次启动这个监控系统时，我们的几台服务器开始显示非常高的 CPU 负载。起初，我们不知道原因何在。每台服务器上的监控进程都非常繁忙，所以我们关闭了监控系统，而服务器也变得不再那么繁忙了。最后，我们意识到，是监控系统发出的轮询次数过多导致了服务器占用如此多的 CPU 时长。我们把轮询频率降低到每 10 分钟一次，这似乎是系统性能的最优配置。我想知道的是，人们该如何去调整这些系统，因为它似乎仍然是通过反复试错来完成的。

Polled Too Frequently（轮询太频繁）

⊖　在计算机编程术语中，海森堡 bug 是一种软件错误，它取自德国物理学家海森堡的不确定性原理，其描述和解释的是量子物理中无法同时准确获知某一粒子位置和速度的现象。——译者注

亲爱的 Polled：

试错？这里的问题通常是在轮询系统获取信息时，没有意识到你在要求系统做什么。现代系统包含了数千个——有时是数万个可以被测量和记录的值。盲目地检索系统可能暴露出来的任何东西已经够糟的了，而通过高频轮询来向它查询信息还会更糟糕，这有几个原因。

第一个原因就是你在信中提到的：简单地询问数据所带来的系统开销。每当你要求系统提供其配置状态时，无论是路由表还是各种 sysctls（系统控制变量）的状态，系统都必须暂停其他工作，以提供正在发生的事情的一个一致的画面。KV 知道，近年来，各种数据库项目都淡化了一致性的概念，特别是在支持性能方面。然而，在系统领域，我们仍然认为一致性是一件好事，因此系统将尝试在读出数据时为你请求的数据创建快照或暂停其他工作。如果你要求几千个项目，而随机的 sysctl -a 显示我正在使用的服务器上有超过 9000 个元素，那么这将需要时间，不会很长也不会很短。

第二个原因是它实际上隐藏了你可能要在通过检索和传递你所请求的值而生成的噪声中查找的信息。每次你向系统请求某些统计数据时，它都必须完成获取这些统计数据的工作，而系统不会将你的请求与它必须执行的任何其他工作分开考虑。如果你的监控系统每分钟都在向服务器请求数据，那么你将在你的监控系统中看到的是系统本身产生的负载。这种海森堡式监测是完全没有意义的，因为你的监测系统会压倒性地影响测量结果。

在监控系统中，总是存在着信息过多和过少之间的矛盾。当你在调试一个问题时，你总是希望你有更多的数据，但当系统正常运行时，你希望它能完成它的本职工作。除非你只是想推送监控系统（是的，在社交媒体上肯定有这些人的帖子），否则你需要为你的监控系统找到"黄金区"。要找到这个区域，你必须首先知道你要求的是什么。弄清楚监控系统要在你的服务器上执行哪些命令，然后在测试环境中单独运行这些命令并测量它们所需的资源。你关心的是运行时，这可以通过 time(1) 命令粗略发现。以下是来自刚才提到的服务器的一个示例：

```
time sysctl -a > /dev/null sysctl -a > /dev/null
        0.02s user 0.24s system 98% cpu 0.256 total
```

这里，获取所有的系统控制变量需要占用大约 0.25 s 的 CPU 时间，其中大部分是系统开销，也就是操作系统获取所请求的信息所花费的时间。time(1) 命令可以在你选择的任何工具或程序中使用。

现在你对请求可能占用的 CPU 时间有了一个粗略的估计，你需要知道涉及的是数据量有多大。使用统计字符的程序，如 wc(1)，可以让你了解为每个轮询请求收集和移出系统的数据量。

```
sysctl -a | wc -c 378844
```

你会在这里抓取超过四分之一兆字节的数据，这在当今世界并不算多，但如果你每分钟轮询一次，平均每秒就超过了 6314 字节，而且实际上瞬时速率要高得多，每次你请求这些值时，网络上都会出现 3Mbit/s 的峰值。

当然，正常人不会每分钟盲目地从内核中转出所有的 sysctl 值，你在要求数据时要细心得多。KV 在他的时代见过很多不细致的事情，包括为做这种荒谬的水平的监控而建立的监控系统。"我们不想错过任何事件；我们需要一个完全透明的系统来发现 bug！"我听到 DevOps 人员在哭。他们会哭的，因为导出所有的数据再来寻找 bug 如同大海捞针，肯定不会让他们更高兴，也不会让他们有能力找到 bug。

任何监控系统都需要能够根据系统需要提高或降低轮询和数据收集的级别。如果你正在主动调试系统，那么你可能希望将数据量调高到 11 级，但如果系统运行良好，你可以将数据量调回到 4 或 5 级。这个数据量可以理解为轮询频率乘以被捕获的数据。也许你想要更频繁地轮询，那么就减少每次请求的数据，或者你想要更多的数据以获得更广阔的画面，那么就降低轮询的频率。这些就是你应该能够在运行时对你的系统进行的横向和纵向调整。一个一刀切的监控系统不适合任何人。当然，有人会担心，如果达不到 11 级的量会错过一些重要的东西，这种担心是合理的，但除非你存在的全部原因就是要随时捕捉所有事件，否则你将不得不在 0 和最大控制量之间找到合适的平衡。

KV

2.17 我不想要你肮脏的 PDF 文件

如果你的 T 恤上有血迹，也许脏衣服不是你最大的问题。

——Jerry Seinfeld

对于一个非常关心代码的人来说，KV 似乎写了很多关于文档的内容，在本章的其他地方也有关于代码文档的讨论，包括 2.7 节和 2.8 节。文档的诸多问题之一是它的呈现形式。虽然小说可能最好用一种简单、直白的叙事方式呈现，因为人们很少需要从中复制任何信息，而技术文档，如数据表和手册，可能应该以一种易于使用的形式来呈现——甚至有人可能会主张采用纯文本的形式！

像 Markdown 这样的系统实际上在"纯 ASCII"和类似 PDF 的东西之间提供了一个有用的中间地带，KV 非常希望看到更多的文档（包括芯片手册）以这种格式提供。Markdown 这种系统的优势在于它们非常接近于纯文本，所以很容易用 grep 这样的工具来搜索，也很容易用 vi(m) 和 Emacs 这样的简单编辑器来编辑。

下一篇是关于当人们把他们有用的数据锁在名称有些误导性的可移植文档格式中会发生什么，这种格式虽便于阅读，但使用起来不方便。

亲爱的 KV：

我最近正在根据一个现有的规范实现新的代码。该文档包含 30 页带有名称和值的表。不幸的是，该文档仅以 PDF 格式提供，这意味着没有简单的编程方法可以将表提取到代码中。原本只需要五分钟就可以完成的几个脚本，变成了半天的复制和粘贴，其中包含了大量的错误。我知道很多规范，例如 Internet RFC（征求意见稿），仍然是以纯 ASCII 文本发布的，所以我不明白为什么有人会把一个注定要成为代码的规范用像 PDF 这样难以编程的东西进行发布。

Copied, Pasted, Spindled, Mutilated（复制、粘贴、旋转、切割）

亲爱的 Mutilated：

　　显然，你并不欣赏现代桌面出版所蕴含的美感和威严。字体（很多很多的字体）和粗体及下划线的使用增加了文字的清晰度，就像它们是被火焰之手刻在石头上的一样。

　　要么你面对的是一个极其自负的问题，比如大公司营销部门的某些人开始发送带有粗体、下划线和颜色的电子邮件，因为他们认为这会引起我们的注意；要么你面对的是一个制定标准但从未执行过标准的人。在这两种情况下，这不仅涉及文档，还涉及代码。

　　除了在神话中，标准和代码都不是一成不变的。任何必须更改的文档都应该可以在更改跟踪系统（如源代码控制系统）中进行跟踪，这一点和要编译的代码一样。将任何文档以可跟踪和可区分的格式保存的好处是，可以使用标准文本操作程序（如 sed、cut 和 grep）以及脚本语言（如 Perl 和 Python）从文档中提取信息。虽然其他计算机语言确实也可以处理文本操作，但我发现许多人都是用 Perl 和 Python做的。

　　我也希望生活在这样一个世界里：当有人更新软件规范时，我可以在文档上运行一组程序，提取值，并将它们与我代码中现有的值进行比较。这既可以减少错误，又可以提高更新的速度。虽然可能仍需要通过视觉检查差异，比如我自己就会出于基本的偏执和不信任通过视觉再进行检查，但这比打印 PDF 文件并用笔浏览或使用PDF 阅读器完成同样的工作要容易得多。虽然有一些程序可以为你破解 PDF，但没有一个是很好用的。最大的问题是，如果作者在打开 Word 写他们的规范之前思考了30s，那就没有必要了。

　　对于 IETF（互联网工程任务组），人们可以抱怨的事情有很多，但继续以文本格式发布其协议的承诺并不是其中之一。唉，不是每个人都有 Jon Postel 来指导他们完成最初的几千个文档，但他们仍然可以从这个例子中学习。

KV

2.18　渴望 PIN 码

如果有人窃取了你的密码，你可以更改它。但如果有人偷了你的拇指指纹，你不可能再换一个新的拇指。故障模式千差万别。

——Bruce Schneier

密码长度的选择在安全从业者中是一个非常常见的问题（请参阅 5.2 节），可以无休止地辩论下去。随着移动计算设备的出现，争论的焦点持续发生着变化，而指纹和人脸识别等生物识别机制的加入，并没有真正帮助我们更接近那个真正的答案。问题是，真的没有一个真正的答案。人类的记忆力很差，尤其是对于一长串不相关的数字或字母。当然，许多程序员认为正常人的这种缺乏记忆力的情况很奇怪，因为我们中的许多人可以轻易地记住我们所有的信用卡号码和 10 个最亲密的朋友的电话号码。尽管如此，典型的技术用户却做不到这一点，因此我们必须努力想出方法来帮助他们克服这个问题。

亲爱的 KV：

我正在将一个 Web 应用转换到移动平台上运行。虽然该应用不处理银行信息或任何类似的重要安全性问题，但它仍然要求用户输入密码。我们对密码的要求并不算严格，尽管我们规定密码的最小长度为 8 个字符，并要求包含一个大写字母和一个非字母数字字符。由于在屏幕输入时不够精准，产品开发人员希望我们能进一步放宽对密码的要求，允许用户使用 4 个字符的全小写密码，他们称之为移动 PIN 码。移动 PIN 码只能在移动应用中使用，而不能在 Web 应用上使用。我曾试图向他们解释，4 个字符的长度是根本不够的，但如果加上移动应用的限制，感觉也还好。你认为怎么样？

Pinned Down（钉住了）

亲爱的 Pinned：

　　我一直在想什么时候才会有人写这样一封信。在过去的几年里，我在各种平板电脑上打字，我知道一些市场营销或产品岗位的人要求工程师为了方便而降低安全性是迟早的事。我很高兴你能指出你的应用与银行业无关，因为如果有关的话我就会立即回信问："哪家银行？！"而这只会带来麻烦。

　　顺便说一句，我确实觉得有趣的是，一提到安全时，全世界都只会想到银行。虽然别人把你银行账户里的钱都转到他们自己的账户上是非常糟糕的事情，但事实是，很多真正糟糕的事情都可能在网上发生，而与现金流没有直接关系。弱密码会让用户面临身份盗窃、跟踪、绑架和被前任纠缠的风险。你可以自己想一想，其中哪一个不比损失一些现金更可怕。如果是我的话，宁愿损失一些钱也不愿被我的前任跟踪。

　　正如你所说的，4 字密码的问题是它太短了，很容易被猜到。将 PIN 码与卡片（例如在 ATM 机上使用的卡片）一起使用，是因为它需要有一个实际的东西，即卡片，才能生效。保护在线用户的方案，如涉及密码的这些，基于用户提供的他们所拥有的东西、他们是什么或者他们知道什么的组合。密码就是"他们知道什么"的一个例子。这些方案可以混合使用，比如 PIN 码和实体卡，就是用户知道的东西和拥有的东西的一个组合。

　　目前移动设备的问题在于，与带有键盘的计算机相比，它们在处理用户输入方面的能力要有限得多。屏幕上的软键盘使用起来不是很好，这可能就是为什么谷歌有人想到在 Android 系统上使用一种模式来解锁设备。我觉得这个系统有点傻，很容易让人上当受骗，但看到有人在尝试做一些不同的事情还是很好的。

　　假装设备本身是用户拥有某些东西的证据是很好的，但由于密码的目的是防止心存恶意的人在设备被盗（或者更有可能的是，被忘记在酒吧里）后访问用户的数据，密码需要足够强大才能防止被破解。如果你无法在密码复杂性上做文章，那么是时候拿出锁定选项了。如果你允许攻击者多次尝试猜测 PIN 码，那么 4 位数的 PIN 码多半是个问题。如果在三次尝试之后，你将用户锁定五分钟，然后才能再次尝试，那么破解的人将需要很长的时间来尝试足够多的 PIN 码才可能猜出正确的 PIN 码，也就是说，如果用户没有选择一个常见的 PIN 码，比如 1234 或 2580（读者的一个练习是弄清楚为什么第二个 PIN 码如此常见）。更多关于 PIN 码问题的学术研究，请参见剑桥大学计算机实验室的 Joseph Bonneau 等人的论文 "A birthday present every eleven wallets? The security of customer-chosen banking PINs"。

作为一个讨厌鬼，我也喜欢三次尝试失败就会导致设备根本无法工作的想法，包括擦除所有本地数据，然后要求用户经历一个不涉及设备的恢复流程。如果你的应用程序是社交网络方面的，那么一个令人讨厌的恢复系统是无法通过你的产品开发人员那关的。太多的人想要上传他们朋友的照片，但这需要在安全方面做出妥协。

KV

2.19 重新启动

如果遇到问题，请重新启动。

——佚名

　　要激怒某个正在试图调试问题的人，那没有比删除调试该问题所需的信息更好的方法了，但仍有这么多人问："你有没有试过拔下计算机的插头，然后再重新插回去？"KV 最近被一个一线技术人员问到这个问题，在这之前我向他询问了一个网页的问题。我没有试图解释计算机、网络浏览器和互联网的实际工作原理，而只能说："你是认真的吗？"这个问答的屏幕截图现在已经被我的几个同事奉为经典。

　　几乎每个系统都有提供给程序的某种形式的系统日志。在 UNIX 系统中，我们有 `syslog`，所有程序都应该把它们的数据记录到这样的系统中。确实没有任何借口不记录相关信息，但知道记录什么本身也是一门艺术。

　　调试系统和软件的艺术需要大量的信息，而下一封信中所描述的做法绝对是最糟糕的。即便它是解决问题的权宜之计，但它永远不会有助于找到真正的解决方法。

亲爱的 KV：

　　我公司有一位一线工程师负责查看命中我们的交换机和服务器的实时流量，服务器在不断的报错，然后，在有人能够查看出了问题的服务器之前，他重新启动了系统来清除问题。你如何向某人解释，当系统运行不正常时，首先需要做的是收集对发现和解决问题至关重要的信息？

Booted（已启动）

亲爱的 Booted：

　　我会先把脚踩在这人的胸口上，然后大喊："当系统运行不正常时，首先需要做的是收集对发现和解决问题至关重要的信息。"但我想你已经试过了，虽然声音可能还不够大。

的确，系统在运行过程中往往会累积一些状态，而这些状态并没有被频繁地写入一些永久性的存储中。你需要解决的问题并不是防止有人即时启动一台不正常的机器，而是确保系统在运行时能有一个良好的、可搜索的记录，记录系统在运行时正在做什么。现代服务器上的大多数系统监控工具都能够生成纯文本输出。编写定期执行的脚本，将这些工具（如 procstat、netstat、iostat）的输出写入文件，并在重启后保留下来，是一件很简单的事情。

对于更严重的问题，你可以编写自己的工具，既可以是脚本，也可以是新的程序，在系统关闭或重新启动时执行。这样一来，如果有人在你到达之前即时启动你的计算机，你就可以让他们的重启命令为你服务。你甚至可以修改操作系统，以便在每次重新启动时生成内核转储。这为你提供了系统崩溃时的快照，你可以稍后再去查看。但我要警告你的是，从内核转储中筛查会像从狗身上抓跳蚤一样有趣。

收集所有这些数据的唯一麻烦是要对其进行分析。由于不再真正需要删除数据，因此你可能会花费大量时间将其组织成树系结构的文件。我给大家几个快速分析的建议。不要使树系结构太难遍历，无论是对人还是对程序。归因于遍历目录树的成本，访问深度树中的大量文件可能需要非常长的时间。对于你自己和你的分析程序来说，都要保持简单。在你开始之前，为你要存储的内容、要存储的位置以及如何访问它制定一个计划。大多数人在他们的应用程序中都有这样的考虑，但对于如何以及在哪里存储系统生成的日志或其他运行时信息考虑得还不够。你在后者上投入的时间应该至少是前者的一半。

KV

2.20　代码扫描器

如果你对编译器撒谎，它会报仇的。

——Henry Spencer

对一些人来说，使用静态分析和其他工具来查找代码中的潜在问题已经成为标准做法，但这些工具仍然经常被人以恐惧和嘲笑的眼光看待，因为没有人喜欢别人来指出他们的错误。就在上个月，KV 不得不安抚一群开发人员，告诉他们这些工具应该如何使用。不，请想象一下连 KV 都不得不来安抚，你就会知道这些东西能给人带来多大的恐惧。静态分析的技术水平仍然有些原始，还有很大的改进空间，但遗憾的是，许多这样的工具都是相互独立的，没有集成到编译器中。LLVM 是为那些想要一个好的编译器的人准备的，它已经开始集成一些曾经只能在独立的静态分析包中找到的功能，但这还远远不够。为什么要费心花大量的后处理步骤来告诉程序员他们的代码有问题呢？如果你能在程序员第一次写代码的时候，在接近源头的地方告诉他们这些代码中的问题，那么他们应该能更清晰地记住。正是由于这个原因，许多人启用了把警告转换为错误的编译器选项，这会迫使程序员解决更多的问题，并防止他们掩盖这些问题。如果说快速构建机器有什么好用途的话，那就是尽早应用这些类型的检查。

亲爱的 KV：

我是硅谷一家中等规模创业公司的 QA 小组成员，我们的一位副总裁是一家生产代码扫描软件的公司的董事会成员。你知道的，就是那些对你在 C 和 C++ 中做的所有不好的事情发出警告的东西。我们确实在代码中发现了缓冲区溢出和其他问题，但这些东西很昂贵，单独一套就超过 5000 美元，我只是不确定这是否值得。你觉得这些工具怎么样？

Scanning for an Answer（寻找答案）

亲爱的 Scanning：

多年来，一直有一些免费和付费的程序，试图指出人们代码中的潜在问题。尽管自 lint 程序编写以来，技术水平确实有所提高，但在使用这类程序时，始终有一个缺陷，那就是程序员本身。

同样，人们构建系统来记录数据，然后从不查看日志，大多数人购买昂贵的、花哨的工具来使他们的代码更快、更好或更安全，但又忽视工具所给出的建议。我最近在一个项目中与一位工程师合作，他正在使用一个开源工具来扫描他的团队的源代码，以寻找可能的缓冲区溢出和其他安全漏洞。该工具一度指出系统中存在 100 多个可能的缺陷。这些缺陷都是相同的，而且事实证明，它们都是误报。这位工程师没有使用古老的编程范式——函数调用来封装违规代码，从而将误报的数量从令人讨厌的 100 个减少到可以容忍的 1 个，而是问我们是否可以"修复"扫描工具，使它不会标记这些误报。正是在这样的时刻，我很高兴自己是秃顶的，因为如果不是这样的话，我就很有可能会把我的头发扯下来，那会很疼，至少以前是这样。当工具在其他方面依旧能给出很多好的建议时，冲动地去"修复"它，而不是修复代码，或者更重要的是修复导致软件问题的不良做法，将是你面临的最大问题。

所以，我对你的回答是"视情况而定"。也就是说，这取决于你在哪种类型的部门工作。在你工作的部门，人们会把这种工具看作一种帮助还是一种威胁？如果人们对抗这些工具，那么它们就毫无价值。如果你的程序员愿意从这些工具中学习并改变他们的行为，那么这些工具可能值得你为它们付出。如果你的人需要改变行为，那么我建议你从电影《发条橙》中寻求指导。请记住，贝多芬从来没有编写过缓冲区溢出的代码。

KV

2.21　调试硬件

在计算机历史上，从来没有过出乎意料的短调试周期。

——Steven Levy

硬件是影响每个软件开发人员生存的万恶之源。如果不是因为恶魔般的电气工程师想出来的这些乱七八糟的东西，我们所有的系统都会完全按照我们设计的那样运行。作为一个在最底层软件系统上工作过的人，KV 既经历过糟糕的软件，又经历过糟糕的硬件，但遗憾的是，两者都不是最后一次。对于大多数软件开发人员来说，试图找出硬件故障的想法可能是出于无聊，也可能是出于恐惧，但老实说，出于恐惧可能会多一些。这封信试图给一些可怜的开发人员至少一些正确的方向，告诉他们应该如何调试一个硬件，而不是像许多人希望的那样，直接拒绝那些令人讨厌的垃圾。

亲爱的 KV：

调试故障硬件的正确方法是什么？

Hard Up Against a Bug（与 bug 斗争到底）

亲爱的 Hard Up：

我建议拿一把非常锋利的刀，随机切割电路板上的电路线，直到它起作用或闻到奇怪的味道。我猜你问的问题和让我在另一篇专栏文章（“Permanence and Change”，*Communications of the ACM*，2008 年 12 月）中使用了“changeineer”（变革者）一词的问题不一样。我认为你确实有一个存在故障的硬件，你已经把它寄回给制造商三回了，并附上了语气不那么好的信件，其中隐晦地提到，如果他们继续向你发送损坏的产品，你将采取法律行动。

与竞争条件（这是另一个主题）一样，硬件问题可能是最难解决的问题之一。虽然硬件工程师们可能会嘲笑拿着螺丝刀的软件工程师，但如果你想让他们真正地害怕，那就拿出一个逻辑分析仪或示波器，把它连接到他们的主板上。遗憾的是，大多数软件工程师都没有接受过使用逻辑分析仪的培训，甚至没有接受过基本电气工程的培训，因此你只能满足于通过电路板供应商或操作系统供应商提供的任何软件来调试电路板。

信不信由你（我敢肯定，如果你是一个典型的软件工程师，你不会想听到这些），最好是从硬件供应商的文档开始。当然，许多硬件供应商对文档的态度和软件供应商一样令人不敢恭维。我所见过的文档的质量已经从"糟糕"到了"想把头往桌子上撞然后放声大哭"的程度，一点都不夸张。我很少看到硬件文档既内容正确，又有一个任何人都能快速掌握的结构，而不是只有最初把它放在一起的那个人才能看懂。幸运的是，现在很少能见到通过将错误的值植入错误的内存位置来彻底破坏硬件的情况了。像初版《星际迷航》(Star Trek) 中那样计算机会爆炸的时代仍是几个世纪后的事。

话虽如此，通过软件对硬件造成损坏还是完全有可能的，或者更常见的情况是，通过触发设备中一些看似不相关的配置工具来掩盖你遇到的任何问题。这并不是说KV 反对配置工具，只是他倾向于根本不相信配置工具。

如果你足够幸运的话，你有系统的文档，或者可以让你公司的律师向供应商发送一份保密协议和一封信，让他们提供任何他们愿意提供给你的东西。

请先阅读文档。真的，相信我。尽管它最终可能完全无用，但如果你能在文档中找到正确的信息，它也可能为你节省大量时间。我倾向于阅读所有可用的寄存器和配置选项（通常有数百个），并标记那些我认为可能与 bug 有关的内容。然后我一个接一个地调整它们，直到得到结果。虽然这是一个乏味的过程，但它是我见过的效果最好的一个。

通常，除了已经出现故障的设备驱动程序之外，你没有与硬件进行交互的好方法。随着设备变得越来越复杂，供应商已经发布了可用于直接与设备对话（例如，通过 PCI 总线）的测试和配置程序。如果你的硬件有这样一个程序，并且能起作用，那么你真的很幸运。另一方面，如果它没有附带这样的程序，你可以使用一组工具来调试基于 PCI 的设备，即 PCI 实用程序，如本信末尾所述。

PCI 实用程序已经被移植到了几个操作系统中，Windows 中可能也存在类似的功能，但令人高兴的是，我并未经历这样的痛苦。

如果这些都没有产生效果，而你又必须"让它运行起来"，那么，唉，是时候寻求帮助了。你可以从供应商那里获得的帮助的质量似乎与设备的价格呈线性相关。

便宜的设备通常来自低成本生产商，他们可能没有钱留住高质量的工程师来帮助解决问题，而昂贵的设备才更有可能（但也不完全保证）由那些拥有经验丰富的工程师的公司生产。如果你要为工作中的一个项目指定一台设备，那就从那些看起来有比较好的工程师的公司挑选一台设备。所有设备都可能出现问题，但问题能得到解决的往往是那些背后有良好工程师资源的设备。便宜货终究就是便宜货。

一旦你接触到了现场工程师或者客户支持工程师，你需要友好地对待他们。我知道你在想："你们到底给了 Kode Vicious 什么好处？"但事情确实是这样的。即使你为一家大公司工作，并且你的 CEO 每天都给对方的 CEO 打电话要求他们解决问题，你也不能因为他们没有考虑到你的个案而对他们大喊大叫，这不是快速修复你的 bug 的途径。至少在你的问题还没解决之前，你需要与这个人或这些人一起合作，所以礼貌并专业地与他们打交道，这一点非常重要。如果你没有明白可以翻回去再读一遍这段。不急，我等着你。

最后，你需要为这个问题做好注释。没有什么比一份就写着"它崩溃了"的 bug 报告更让人恼火的了，请不要笑，我见过很多这样的 bug 报告。你需要知道它是如何崩溃的，何时崩溃的，如果它现在没有崩溃，如何让它进入崩溃状态，以及其他任何可能与你正在查看的 bug 相关的信息。你不仅应该对 bug 进行注释，还应该注明修复情况。当你与供应商的工程师合作时，你需要跟踪他们提供给你的补丁程序（如果有的话），硬件或驱动程序的版本变化，关于什么可能出错的各种理论以及这些理论是否成立，以及几乎所有与修复或处理 bug 相关的事情。在这一点上，你通常既是负责 bug 修复的项目经理，也是供应商工程师的远程操作员。虽然这可能不是你想要的，但它通常是解决硬件问题的一部分。

我希望你足够幸运，能够从你的供应商那里获得像样的文档和支持。如果没有，那我们在酒吧见。我是那个独自坐在远处的角落，对着一本芯片手册哭的人，酒杯里满满的都是杜松子酒和奎宁水。我是那里的常客了。

KV

PCI 实用程序

PCI 实用程序包里面有处理 PCI 总线的各种实用程序，以及用于可移植访问 PCI 配置寄存器的库。它包括用于列出所有 PCI 设备的 lspci（对于调试内核和设备驱动程序非常有用）和用于手动配置 PCI 设备的 setpci（http://www.linuxfromscratch.org/blfs/view/svn/general/pciutils.html）。

2.22　健全性与可见性

      大家都知道，当我们吃鸡蛋时，传统方法应该是敲碎鸡蛋较大的那头，但是现在的国王陛下的祖父，在他还是个孩子的时候，吃鸡蛋时按照古老的习俗去打破鸡蛋较大的那头，碰巧因此切到了自己的一根手指。于是，他的父亲颁布了一项法令，命令所有的臣民在吃鸡蛋时必须打碎较小的那头，违者将被处以重罚。

——*Gulliver's Travels*[⊖]，Jonathan Swift

      如今，没有一个程序员没有接触过代码格式之争，以及被称为“制表符与空格”的持续争论。这是一个如此古老的比喻，现在竟然出现在了热门电视剧《硅谷》(*Silicon Valley*) 里面。当然，这个古老的问题 KV 也遇到了，以下就是我的回答。

亲爱的 KV：

      我的团队恢复了一些旧的 Python 代码，并将其升级到版本 3。源代码中不能混合使用制表符和空格的新限制使该过程变得越发困难。通过将制表符替换为空格来允许代码执行的自动清理方法会导致行尾注释的混乱。为什么会有人创造一种如此重视空格的语言？

White Out（白茫茫）

亲爱的 White：

      编辑过 makefile 吗？尽管在编程语言中大量使用空格是一项悠久的传统，但所有的传统都需要改变。我们不再需要通过祭祀来让打印机工作，或者至少 KV 最近没有这样做过。

    ⊖   中文版名为《格列佛游记》。——编辑注

在 Python 中，许多人对选择使用空格（而不是大括号）来表示代码块的界限提出了异议，但由于开发人员在 Python 3 版本中没有改变他们的想法，我怀疑我们都会在相当长的一段时间内受此困扰，并且我确信也会有其他语言，无论大小，空格在其中仍然很重要。

如果我能改变所有编程语言设计者的一个想法，那一定是（强制地）向他们灌输这样一种观念：即任何对程序的语法或结构含义有重要意义的东西都必须是人类读者容易看到的，也必须容易被程序员用来编写代码的系统理解。

让我们先处理最后一点。使工具容易理解软件的结构，是让工具帮助程序员为计算机编写合适的程序的关键之一。从软件开发的早期开始，程序员就试图构建工具，以在不可避免的"编辑－编译－测试－失败－编辑"死循环之前，向他们显示程序文本中可能存在的问题。代码编辑器已经添加了彩色化、语法突出显示、折叠和许多其他功能，试图提高程序员的工作效率，但有些人可能会说这是徒劳的。

当一种新的语言出现时，代码中符号使用的一致性是至关重要的。否则，你选择的编辑器很少或根本没有能力部署这些有用的提示来提高效率。例如，允许任何两个符号代表同一个概念是绝对不允许的。想象一下，如果可以用两种类型的花括号来描述代码块，仅仅是因为编程社区的两个不同群体有不同的需求，或者如果有多种语法方法来取消引用变量。其基本思想是，必须有一种明确的方法来完成一种语言必须做的每一件事，这既是为了人类的理解，也是为了编辑器开发人员的理智。因此会在代码中使用不可见或几乎不可见的标记（特别是制表符和空格）来表示结构或语法。

不可见和几乎不可见的标记将我们带到了人的自身因素部分——并不是说代码编辑器的作者不是人，而是我们大多数人不会编写新的编辑器，尽管我们所有人都将使用编辑器。众所周知，曾几何时，计算机的内存很小，一个制表符（单字节）和相应数量的空格（8 字节）之间的差异，在存储在珍贵磁盘上的源代码大小上，以及通过任何原始和缓慢的总线从存储设备传输到内存时，可能会变得非常大。

将编程标准从 8 个空格更改为 4 个空格可能会有所改善，但让我们面对现实吧，几十年来，这些都不重要。现在，使用这些不可见的标记的唯一原因是为了清楚地表示一段代码相对于其周围代码段的范围。

事实上，最好选择一个不是制表符也不是空格并且通常不在程序中使用的字符（例如，Unicode 代码点 U+1F4A9），并将其用作通用缩进字符。然后，编辑器可以根据用户的喜好以任何一致的方式自由缩进代码。用户可以在每个缩进字符中使用任意数量（8、4、2，一些质数，任何他们喜欢用的）的空白字符，程序员可以对自己喜欢的范围有自己的看法。在磁盘上，这种格式每次缩进只产生一个字符（两个字节），如果你想要查看缩进字符，现代编辑器的一个常见功能是，按一下开关，瞧，它们就出现了。每个人都会很高兴，最终我们将解决由来已久的制表符和空格的古老难题。

KV

第 3 章 *Chapter 3*

系统设计

计算机科学是一门研究何物可以被自动化的学科。

——Donald E. Knuth

设计一个系统和设计或实现一个单独的函数是两个完全不相同的任务。开发一个简洁的函数最多是一个线性过程。开发函数时，你只需要考虑输入、预期的输出和可能的错误，如果你足够幸运，你甚至可以不考虑错误处理，只需要用一种相对线性的方式将其从输入到输出的工作方式写出来。虽然这只是一个对代码编写过程的过度简化，但对于大多数程序员来说，这与事实相差不远，而这个过程绝对不是大多数人描述的设计大规模系统时的过程。

设计良好的系统很大程度上依赖于第 1 章开头所描述的原则之一，可组合性。就像好的代码是可组合的一样，好的系统也是由部分组成的，这些部分可以是函数、类、模块，也可以是本身就可组合的完整程序。UNIX 的早期开发人员提出了一种被各种各样的人引用的系统设计理念，但 KV 更喜欢 Peter H. Salus 的表述⊖。

1）编写只做一件事且能把这一件事做好的程序；

2）编写能够一起工作的程序；

3）编写处理文本流的程序，因为这是一个通用接口。

⊖ Peter H. Salus，*A Quarter Century of UNIX*。

"programs"这个术语源自 UNIX 程序员喜欢构建多个可以协同处理文本流的程序，而我们也可以将上面的三条建议应用于模块、类、方法和函数。第三条建议在当前已经不是那么适宜，因为系统已经变得更加分布式，越来越倾向于不仅仅使用纯 ASCII 文本进行通信，使用 ASCII 文本只是 UNIX 最初构建时的标准。现在应该这样说："编写具有定义良好的接口的程序，以便一个程序的输出可以很容易地成为另一个程序的输入。"

在设计一个系统时，很重要的一件事是尝试将所有的组成部分集中到一个一致的整体中，在不同的层次上描述这些部分之间的互连和依赖关系。在软件开发过程当中，有两种不同的系统设计方法：自顶向下和自底向上，这两种方法都有各自的支持者和批评者，就像 2.22 节提到的利力浦特人争论从哪一边打开熟鸡蛋一样[⊖]。简单来说，自顶向下的设计强调在工作开始前就对最终系统有接近全面的了解，而自底向上的设计强调从已存在的部分开始构建更大、更复杂的系统。现代系统设计几乎总是包含这两种设计方法，因为只有很少的软件是从头开始编写的，它们大多都是在现有的代码、库以及其他系统让构建的。每年建立的"绿地软件项目"可能少于 100 个，甚至少于 10 个。现代系统设计通常要使用像编译器这样的工具、像操作系统这样的平台、其他的支持库以及大量开源和专有组件进行组装，共同组成一个连贯的整体。

我们在第 1 章开始接触代码，在第 2 章回顾了一些编程难题，现在我们将尝试把视线提高一些，以高于代码的视角来看所有部分是如何相互连接的，从而构建一个协调一致的系统。

⊖ 利力浦特人源自 Jonathan Swift 的著作《格列佛游记》。——译者注

3.1　抽象

编程的艺术是组织复杂事物的艺术，是掌握众多事物并尽可能有效地避免其混乱的艺术。

——E. W. Dijkstra

合适的抽象是良好的系统设计的关键，如果抽象是错误的，很可能会影响可组合性，这样会导致系统要么无法组合在一起，要么能够组合但是会有缺陷，具有不能自然地组合在一起的组件。如果不能正确地获得抽象，就会导致组件之间存在误解，从而出现 bug，而 bug 通常会导致系统故障。当系统因为没有正确地考虑抽象而失败时，责任更应该在设计师身上，而不是实现组件部分的程序员。

从 20 世纪 60 年代开始至今，几乎每一次解决软件危机的尝试都会想到，针对我们希望系统做的事情，如果我们能想出合适的抽象，我们所有的工作都会井井有条，一切都会很好。但在接近 60 年之后，我们还是无法做到完美的抽象，这一事实并不能改变人们周期性地尝试这么做。一个简单而乏味的事实是，在设计复杂系统时，一定程度的抽象是必要的，也是有帮助的，但好东西太多反而会适得其反。

好的抽象为我们提供了一种以可用、可测试和可维护的方式整体或部分封装算法的方法。这看起来很简单，可以用只包含三个词的列表来描述，但研究每个词的细节仍然是一项挑战。这些年来，我们开发了函数的概念，然后是函数库，接下来是模块，之后是对象和面向对象编程，所有这些都是抽象，旨在提高我们正在处理的代码的可复用性。各种各样的数组、表以及树是针对数据而不是代码的抽象，而这些抽象也像澳大利亚的兔子一样数量激增，食物太多，捕食者太少。

各种抽象类型的核心问题不是将相关函数或数据放在一起的概念是好是坏，事实上，在面向对象编程的理念里，保持函数与它们操作的数据在一起是一个好主意，或者说可能是一个好主意，但不断地追求抽象，可能会导致芝诺悖论，即把我们正在处理的东西切割成越来越小的块，直到任何一个单独的块都是无用的。仅仅用最小的、可理解的代码片段构建的系统可能会给某些类型的开发者带来情感上的满足，但它们通常会导致一个过于复杂的代码泥潭，在那里，几乎无法理解哪一部分正在做有成效的工作，哪一部分只是为了将其他微小的片段黏合到不连贯的整体中。使用抽象的目标应该是降低而不是增加复杂性。在一个系统中，如果有太多的小函数或方法，实际上会将程序逻辑推入函数之间的连接中。调用图定义了大多数逻辑，而不是由特定函数中的代码来定义逻辑，这是典型的意大利面式代码。这样的系统具有非常高的框架开销，造成内存和 CPU 的极大浪费，而只是实现了某些人的优雅目的。

当我们着眼于任何抽象、代码或数据时，我们必须回答上面引出的三个问题：程序员能够像现在这样利用这个抽象吗？这个抽象可以单独测试吗？当进行维护时，在使用这个抽象的代码中，我们需要担心会产生多少连锁反应？

抽象的效用可以通过两种方式来衡量：使用的广泛性和简单性。一个简单的抽象并不意味着它有一个像加号操作符那样单一的操作，而是指抽象提供的操作对于程序员来说在使用它的时候很容易被记住。以 UNIX 系统中的传统文件操作为例：open()、close()、read()、write()、seek() 和 ioctl()。文件操作是一个很好的抽象的例子，因为各个操作函数是相关的，并且对使用者来说很容易理解。随着时间的推移，它们已经成功地在数百万个系统中得到应用。

我们的第二个衡量标准是可测试性，它与简单性有关，由于一段代码或一个数据结构的操作面很小，因此测试它们要容易得多。一个包含 10 个操作的模块比一个包含 100 个操作的模块更容易测试，不管你的测试框架有多好。让程序员头疼的不是框架本身，而是程序员的思想。

可维护性是我们对抽象质量的最终衡量。如果我修复了代码中的一个 bug 或改变了底层数据结构的布局，这是否会显著改变现有代码的情况？当抽象发生变化时，需要重新做多少测试？一个常见的问题是提高抽象的速度，谁不喜欢更高的速度呢，但这种改进打破了使用它的代码的假设。这样的变化并不一定表明所使用的代码是错误的，而是表明在使用者和抽象之间存在一些不被理解的假设。甚至于，如果每次抽象更新时都出现这种问题，那么抽象实际上是有问题的，或者它提供给使用代码的接口是有问题的。

考虑到我们在处理抽象问题上花费了大量的时间，所以给 KV 的信件中有许多是关于这个主题的也就不足为奇了。

亲爱的 KV：

我有一个同事，他写的方法有 1000 行长，并声称这么做比将其分解成一组更小的方法更容易理解。我们如何使这个人相信他的代码是维护的噩梦？

Fond-of-Abstractions（抽象爱好者）

亲爱的 FoA：

对你的问题的简单回答是，让你的同事永远维护他自己的代码，这应该是一个足够严厉的惩罚。在某个时刻，这类人会意识到他们在三个月前写的东西是不可读的，并开始改变他们的编程方式。不幸的是，那些有烦人习惯的人，比如大声讲电话、笨手笨脚地开车、给出不必要的建议的人，很少能够看到自己的错误。这就是为什么这个世界总需要有像我们这样的正义斗士。

我注意到你在信中使用了"方法"这个词，而不是"函数"，这表明你正在使用某种形式的面向对象语言。在我们进行进一步讨论之前，请允许我指出，我在这封信中所说的一切既适用于面向对象语言中的方法，也适用于非面向对象语言中的函数。这件事最基本的问题是在一个地方塞进了太多的功能。有几个理由可以说明为什么这种过长的方法是有问题的。

首先可以想到的理由是代码重用。在程序中使用方法或函数的原因之一是获取单个思想或算法的本质，以便其他人可以轻松地重用它。当一个方法增加到 1000 行时，它通常会高度专门化于一个作业，而这个作业可能不那么经常被需要。最好将较大的问题分解为较小的问题，其中一些问题可以被软件的其他部分重用。更小的、可重用的方法的另一个附加优势是，它们可以在你的下一个项目中使用。可重用方法对程序员来说是有好处的，他们不必编写那么多代码，对他们工作的公司也有好处，因为他们现在可以更快地完成项目。这种工作逃避是我做任何事情时最喜欢的理由之一。为什么我要比我应该做的更努力呢？

另一个理由是，过长的方法很难阅读和理解。当在一次只能显示 50 行的窗口中查看 1000 行长的方法时，需要分 20 页才能看完代码。现在，我不知道其他人怎么样，但 20 页的东西，不管是一本书、杂志或代码，对于我的大脑来说，都是很难一次理解和消化的。理解任何东西都需要语境，而语境应该是局部的。从第 18 页跳转到第 2 页，因为第 2 页是变量 fibble 最后修改的地方，这经常会让我迷失方向。最后我盯着第 2 页想："不，我为什么在这里？"我变得目光呆滞，茫然地盯着天空，偶尔开始流口水，这让我的同事非常紧张。

最后，我们来谈谈你关于代码维护的出色且合理的观点。很明显，如果某些东西很难理解，就像我们在上一段中所说的那样，它也会很难维护。拥有千行代码的方法显然一次做的事情太多了。当一个方法同时完成平衡支票簿、吹"欢乐颂"和玩弄链锯等任务时，你如何发现该方法中的 bug？比起理解这种方法，有一个更复杂的问题，代码中可能出现的副作用的数量会随着你每添加一行代码而增加，可能不是以指数方式增加，但肯定会比线性增加更快。

有一些方法可以让你的同事走上整洁代码的正确道路，虽然可能不是整洁生活。一种方法是向他们提出这些理由，看他们如何回应。有时候人们会发现自己的错误。使用中立的第三方代码作为例子是避免"我是一个比你更好的程序员"这种令人恼火的竞争的好方法，因为这种竞争很少能赢得任何人的支持。如果理性论证失败了，你可以尝试使用软件规格说明书来作为一种从这个人身上获得合理大小的功能块的方法。你的软件确实有一个规格说明书，对吧？如果规范清楚地说明了每个方法要做的工作量，那么当这个人违反规范时，就会非常清楚，然后你就可以在这一点上尽可能严厉地批评他们。

当然，有时合理的理由（即胡萝卜）和直接控制（即大棒）会失败。这时，我推荐来一些印象更加深刻的。不要通知国际特赦组织，尽管如果他们必须维护你同事的代码，他们可能也会理解你为什么要这么做。

深情的 KV

3.2　驱动

　　数据占主导地位。如果你选择了正确的数据结构并组织得很好，算法几乎总是不证自明的。数据结构是编程的核心，而算法不是。

——Rob Pike

　　面向对象的系统似乎尤其受到大量抽象的困扰，这并不奇怪，因为面向对象的系统的一个关键卖点是它们允许抽象变得更明显。在面向对象编程之前，必须手工构建抽象，这可以用任何语言来完成，包括像 C 这样的底层语言。

亲爱的 KV：

　　我一直在我的公司用 C++ 编写一个程序来做一些简单的数据分析。该程序应该是一个小项目，但每次我开始指定对象和方法时，它似乎都会增长到一个巨大的规模，无论是代码行数还是最终程序的大小。我认为问题在于系统中有太多的东西需要分析，每个都需要考虑特殊的情况，这就需要多写一点代码，或创建另一个子类。

　　求助！

Driven to Abstraction（抽象驱动）

亲爱的 DA：

　　当人们使用面向对象语言时，最大的问题之一是当他们意识到创建另一个类是多么容易时，他们就会这样做。他们不是要跑，而是要飞。

　　当然，在没有看到你的代码的情况下，我不能给你一个现成的答案，而根据你的描述，我真的不想看你的代码。我对现成的答案也会收取高额的费用。

　　当我发现与我一起工作的人花了几天时间来指定一个又一个类，而没有编写任何实现代码时，我倾向于先在大楼周围走一圈。我的心理医生说对人大吼大叫对谁都没有好处。我不同意他的看法，但目前我正努力配合。

当你发现一些你认为应该很简单的事情却开始占用大量的时间和空间时，我有一些建议。第一个建议是从编译型语言（如 C++）切换到解释型语言（如 BASIC）。等等，抱歉，不是 BASIC，我指的是 Python，我当前选择的脚本语言。我建议使用 Python 的原因是，它也是面向对象的，更容易将一种面向对象语言内建的思想转移到另一种面向对象语言。你甚至可能会发现 Python 非常适合你的需求，你不必转向编译型语言，但这一决定还远远不够。

我的第二个建议是使用脚本语言。试着解决你正在解决的问题的一小部分。程序员和工程师经常尝试去做超出他们能力范围的事情。我们是一群奇怪的乐观主义者，除非我们正在和营销人员交谈。在这种情况下，解一个像 2 + 2 这样的算式似乎需要数百万美元的投资、一大堆机器、连接到每个人房子的高速网络，以及如果得出了正确的结果还应该在巴塞罗那享受 6 周的带薪假期。好吧，也许你不这样管理你的市场部门，但我怎么夸张都不为过。

有了脚本语言，你就可以把问题拆分得更小一些，然后再去处理它们。如果你能解决问题的一部分，并获得一些可供使用的输出，那么你可能就可以想出接下来要做的五到六件事，并完成它们，以此类推。

分小块工作的好处是，你能更快地得到结果，这比你完成工作时有大量的 UML 图和挥手致意，以及一个勇敢的新世界的承诺要令人满意得多，而以你现在的速度，你可能永远也无法完成。

所以，脚踏实地，实现一些事情，而不要试图一次性解决所有问题。

KV

3.3 重新审视驱动

一个程序永远不会少于 90% 完成，也不会超过 95% 完成。

——Terry Baker

抽象也被证明是 KV 的读者群中的一个热门话题，因为之前的信件和回复带来了三个新的回复，这些都会在这一节中讨论。

亲爱的 KV：

我喜欢你在 ACM *Queue* 上关于编程的专栏，主要是因为上面最后说你是一个"狂热的自行车手"，就像我一样。在你住的加州骑自行车，肯定比在我住的德国要有趣得多，因为加州的天气总是很好。然而，太多的阳光，有时会让你写出对我们老欧洲人来说很奇怪的专栏。在你的第 3 卷第 2 期的专栏（"KV Reloaded"）中，你对"抽象驱动"读者的建议是"从问题的较小部分开始"，并使用脚本语言来处理它们。

加州不仅给了你充足的阳光，还有雇主给了你足够的时间来处理你喜欢的一些编程语言中的"小问题"，这些问题与以后的实现无关。我一直认为，在系统设计中，它可能很方便，但在实际中，先解决你喜欢的问题然后再添加困难的、不喜欢的东西是非常危险的。例如：安全性——可以稍后添加吗？不行！阅读"Patching the Enterprise"中的认罪答辩！性能——可以稍后添加吗？不行！看看所有沮丧的返工软件工程师的面孔。在我的国家，比缺乏阳光更令人沮丧的是，当项目截止日期即将到来而且预算已经超支时，没有雇主给你时间来玩脚本语言。我们必须首先做出优秀的整体设计，并不断完善它。啊，加利福尼亚——这是一片充满牛奶和蜂蜜，沐浴在阳光下的土地！

Koder-User-Rider-Teacher（程序员 – 用户 – 骑行者 – 老师）

亲爱的 KV：

关于让这位做"简单的"数据分析的绅士从 C++ 切换到 Python 的建议。问答场景中有两个问题：

1）他不理解他所遇到的问题，因为他在段落末尾困惑地说了"系统中有太多的东西需要分析，每个都需要考虑特殊的情况"。因此，这并不简单。他对所遇到的问题理解不足。像这样的话应该在他编写任何代码之前就说出来。如果他花更多的时间来弄清楚这个问题，就可以避免一些尴尬。

2）然而，你盲目地建议他换一种语言，这同样有害。你怎么能在不了解部门的细节的情况下这样回答？对于解决方案，如果不了解别的情况，就应该只是教他们如何思考和设计。这家伙听起来像是独自在锅炉房工作。我提醒你，你是在为一个享有盛名的国际协会写作，一个专业"思想家"组成的协会。

第一个建议是，开发者需要事先思考和设计，这样他才能理解问题。如果他不理解问题是什么，即所涉及的数据的特征和需要如何分析，解释性语言也不会更有帮助。任何一个"贪多嚼不烂"的工程师都是没有做过任何工程的，而是黑客。而你只是建议用一种不同的语言来进行黑客攻击。真正的问题不在于使用什么语言，而在于在编写代码之前缺乏思考。如果我的猜测是正确的，团队和经理们没有时间去做这些。而你只是在倒数第二段中建议边试边写。

我建议使用 IEEE/EAI 标准 12207.0，也就是"开发过程"。

谨启

Karl Henning

亲爱的两位老欧洲人：

我想感谢你们两位写信给新世界的 KV，在这里我们享受着充足的阳光，拥有仁慈的雇主。实际上，你的信寄来的时候我正在办公室享受我的私人按摩师的按摩，但我把他打发走了，这样我才能专心回复你们的信。

不幸的是，我相信你们遗漏了我最初的回答中所建议的，让"抽象驱动"将问题分解为更小的、可以一次处理的块。尽管可以预先指定程序的所有方面很好，但只有在开始设计之前就了解了问题的所有部分时才能达到这个效果。我相信你们两个人都遇到过自己不完全理解的系统，为了能够处理问题，你必须使用较小的模型和原型，以便能够集中精力并最终解决问题。

浪费大量时间过度规格化系统，就像浪费时间处理子问题的脚本原型一样，都会给项目的成功带来同样程度的危险。然而，最危险的是日复一日地盯着同一个空白屏幕、笔记本或白板，却没有取得任何实质进展。即使是在这个充满牛奶和蜂蜜的国度，如果你告诉你的老板"嗯，我上周一整周都在思考这个问题"也是不可接受的。

我的建议是为了打破"抽象驱动"所陷入的思维僵局，类似于禅宗在鼻子上拧一下或用棍子轻敲一下一样。我认为，在工作场所中，告诉人们把大问题分解成小问题，比到处拧鼻了或用棍了打更容易被接受。

KV

亲爱的 KV：

虽然我同意不要贪多嚼不烂是一个好主意，但我关心的是你对"抽象驱动"的问题的回应。我担心的是你忠实的读者会认为不创建类是可以的。我见过太多由单个类组成的所谓的面向对象的程序。我知道你不建议不添加类，但是你也没有直接解决"抽象驱动"对类的恐惧的问题。

　　此致

Afraid of Those Afraid of Classes（对这些对类感到恐惧的担忧）

亲爱的 ATAC：

很高兴看到关于我对"抽象驱动"的回复这个问题的另一种看法，我完全同意这一点。就在两天前，我刚审阅了一些代码，这些代码显然是由害怕或完全不了解类的人编写的。实际上，他们似乎也不了解模块化的概念，因为所有的东西都在一个 4000 行的文件中。代码写得非常聪明，但就它目前的状态而言，完全无法使用。不幸的是，我怀疑这是我们都面临的一个普遍问题。要么是由于时间压力，要么是由于缺乏训练，有些人决定不仅要吃超出自己咀嚼能力的东西，而且要吃超出别人吞咽能力的东西。

就像世界上的许多事情一样，在太大和太小之间有一个范围。人们常常只为自己编写代码，而没有意识到他们创建的所有内容都必须由他人阅读和调试。如果我们能改正自私的方式，也许我们都能和睦相处。

KV

3.4 变化的变化

对人的心灵来说，没有什么比巨大而突然的变化更痛苦的了。

——*Frankenstein*[⊖]，Mary Wollstonecraft Shelley

随着软件系统的增长和扩张，对一个库或组件的更新给另一个库或组件造成破坏的可能性越来越大，而且无论是在操作系统内核中还是在应用程序中，由于许多组件都是在运行时加载的，编译器、链接器或构建系统中的任何其他部分发现这些问题的可能性也不大。解决这个问题的尝试通常是将其编写到包系统中，尝试在更新包时解决这些冲突，方法是跟踪所有的依赖关系，并强制将所有相关组件更新到一个有可能兼容的版本。当前的包系统不是通过在 API 级别上理解组件来实现这一点的，而是在整个版本级别上，这是不够精细的，而且也容易出错，因为依赖关系是由人将库的版本标记为兼容或不兼容来表示的。其中一个建议是更加严格地规定版本号的含义：只有在进行了完全不兼容的更改时，主版本号才会增加；当代码不再向后兼容时，次版本号才会增加；补丁号（最后一位数字）会因每个补丁或微小更改而增加。给版本号赋予更具体的含义并不能解决依赖于人类的问题，但有了这样一个标准，程序员就更容易知道他们是否会吃下一个可能导致程序消化不良的变化。

依赖性分析是一个成熟的自动化领域，因为对于编译语言，可以根据每个函数入口点的名称。参数的名称和类型以及返回值，为其生成签名。正如我们将在下面的信中看到的那样，更改名称很容易，但更改参数或返回值的类型却往往会被那些对于类型解释较为宽松的语言所遗漏。编译器已经记录了大量关于函数入口点的数据，因为这些数据对于调试器来说是必需的。因此，将这种机制扩展到辅助打包和动态加载系统中是非常受欢迎的，这样就不仅仅是抛出一个关于不兼容的间接错误，而是解释了下至特定的入口点，哪些东西是不兼容的。

⊖ 中译名《弗兰肯斯坦》，英国作家玛丽·雪莱在 1818 年创作的一部长篇小说。——编辑注

在这里，我们可以看到这可能会是一个多么灾难性的错误，不幸的是，它在软件系统中仍然非常常见。

亲爱的 KV：

在过去的两年中，我一直在一个软件团队工作，该团队在几个不同的操作系统平台上开发终端用户应用程序。我一开始是作为构建工程师，负责设置构建系统，以及夜间的测试脚本，现在我负责几个组件本身以及维护构建系统。我在构建软件时看到的最大的问题是，软件中似乎缺乏 API 的稳定性。当添加新的 API 时，你可以忽略它们，如果你喜欢的话。当删除 API 时，你无法忽略，因为构建会中断。最大的问题是，当有人更改了 API 后，要到测试这些代码或者更糟的是——用户执行这些代码时，它才会被发现。你会如何应对不断变化的 API？

Changes（变化）

亲爱的 Changes：

应对变化的最好办法就是把头埋在沙子里，无视它。毕竟，我们都可以从过去伟大的管理传统中学习，工程师也不例外。嗯，也许不是。

你所指出的是构建大型复杂系统的最大挑战之一。软件具有惊人的可塑性，这使得有人可能（不幸的是相当可能）对其做出改变。许多工程师和程序员没有意识到的是，当他们在构建一个库或者其他人应该依赖的任何组件时，API 就变成了他们的代码和使用它的每个人之间的契约。

正如你在信中指出的，这里实际上有三种情况。第一种，添加一个 API 不会影响你的系统，因为没有人调用它，新的 API 不会真正造成很大的破坏；第二种情况是删除 API，当程序在编译或运行时被链接时，会立即导致错误，所以至少在尝试真正使用代码之前你可以注意到这一点；最后一种情况会让你感到不安和做噩梦，因为很少有自动化的方法可以区分一个看起来相同但实际上不同的 API。在我工作过的一个地方，我们把它称为"变化的变化"，因为缺少更好的短语来描述，或者这样写让我看起来更像是一个技术作家。

在一个特定的系统上，大约 80% 的问题都与尝试重新整合不同的子系统有关。可以想象的是，随着所涉及的组件数量的增加，这个比例会迅速提高。相互依赖的两个子系统至少有一个依赖项，而 4 个子系统有 6 个依赖项，8 个子系统有 28 个依赖项，依此类推。从一组不断变化的模块构建任何一种连贯的系统都是非常困难的，但我们也有一些解决方案。

编写操作系统的人早就知道这个问题，所以程序所依赖的 API 往往只会非常缓慢地变化，或者根本不会变化。在过去 20 多年间，UNIX 和类 UNIX 操作系统中基本的 `open()`、`close()`、`read()`、`write()` 系统调用一直接受相同的参数并返回相同类型的值。当添加新的子系统（例如联网）时，根据需要添加新的函数调用。因此，要打开一个套接字，你不会调用 `open()`，因为这需要更改它的参数，进而影响所有已经使用它的代码。取而代之的是 `socket()` 系统调用，它接受不同的参数，但返回的值可供 `read()` 和 `write()` 使用。系统程序员也倾向于狭隘地定义他们要提供的函数集，因为他们知道维护一组任意范围的 API 是一场噩梦。例如，FreeBSD 有大约 400 个可用的系统调用，也就是说，用户程序可以调用这些 API 来让操作系统为它们做一些事情，比如读取文件或查看时间。尽管这个数字不小，但还是可跟踪和可维护的，而整套 POSIX 库或 Microsoft Foundation 类库中的 API 数量要多得多。

系统编程界可以采用的另一个技巧是 `ioctl()`，即 I/O 控制。设备驱动程序编写器可以使用简单的 `open()`、`close()`、`read()` 和 `write()` 语义完成大部分必要的工作，因为大多数人只需要打开或使用设备，从中读取数据并向其写入数据，然后将其收起来或关闭。这里的问题是，通常需要有特定于设备的控件，这些控件可以很容易地向上输出到操作系统，例如，将网络设备设置为混杂侦听模式，或设置其各种地址参数。`ioctl()` 就是在这些特定情况下使用的。`ioctl()` 调用多年来一直在被使用，实际上也被滥用了，但它的基本设计原则是合理的。一定要给自己留一条逃生路线。

最后，有些人喜欢看设计规则，但本书并不是讲规则的书。我实际上想要表达的是，必须要做出一个关于如何在系统中做出改变的决定。快速改变事物似乎是当下的时尚，所谓的极限编程方法导致了很多这样的情况。许多工程师只是简单地认为，在一定程度上 API 就应该是一成不变的，因为它有太多的调用者，所以无法更改，因此任何更改都需要新的 API。

不幸的是，我怀疑我是否已经解决了你真正的问题，因为除非你和你的团队从头开始写所有的东西，否则你将受制于那些可能而且将会犯错的人。我唯一的建议是，你的团队应该尽可能最少地使用外部 API，并且不要使用太多新的或先进的功能，因为这些是最有可能改变的。

KV

3.5　穿针引线

为什么线程不是一个好主意 (对于大多数目的)。

——John Ousterhout

有时一句好的俏皮话会持续影响一代人。在编程领域，上面引用的 John Ousterhout 关于线程编程的这句话非常著名，因此 KV 收到一封询问关于这个主题的想法的信也就不足为奇了。这个主题会出现不止一次，比如 3.6 节就也是关于它的。考虑到现代硬件的现实情况，也就是通过给程序员提供许多执行代码的内核来提升性能，在解决许多重要的软件问题时不考虑线程编程是不可能的，这意味着每个人现在都必须学习和理解如何编写和调试线程程序。

亲爱的 KV：

在我上学的时候，我读过一篇关于线程如何被认为是危险事物的论文，但那个时候大多数 CPU 还不是多核的。现在似乎需要通过线程来提高性能。我没有看到任何迹象表明线程编程的危险性比以前有所降低，所以你仍然认为线程编程是危险的吗？

Hanging by a Thread (命悬一线)

亲爱的 Threaded：

你还不如问我，枪支是否仍然危险，因为答案是密切相关的：只有当枪上了膛，而且枪口指向你的时候，枪支才是危险的。

线程和线程编程都是危险的，原因也一直相同：因为大多数人不能正确地理解异步行为，也不能很好地考虑系统中两个或多个进程独立工作的问题。

最危险的是那些认为只要简单地将单线程程序变成多线程，程序就会以某种方式，就像变魔术一样，变得更快的人。就像所有江湖骗子一样，这些人应该被放进麻袋里，然后用棍子打（这是我从喜剧演员 Darragh O'Brien 那里得到的主意，他想把这种方法用于通灵者、占星家和牧师）。我只是在他的清单上再添一组。

下面可能是我最喜欢的一个没有清晰思考线程编程的例子，有一个小组想要加速他们开发的系统，该系统包括一个客户端和一个服务器组件。这个系统已经部署好了，但是当把它扩展到处理更多的客户端时，其服务器一次只能处理一个请求，无法服务所需的那么多的客户端。很显然，解决方案是对服务器进行多线程处理，团队尽职尽责地做到了这一点。他们创建了一个线程池，每个线程处理一个请求并向客户端发回一个响应。团队完成了新服务器的部署，现在可以为更多客户端提供服务。

当把新服务器变成多线程的时候，只有一件事被忽略了：事务标识符的概念。在最初的部署中，所有请求都以单线程方式处理，这意味着对请求 N 的应答不能在请求 $N-1$ 之前处理。然而，一旦系统变成多线程的，单个客户端就可能发出多个请求，而响应的返回顺序也会发生混乱。事务 ID 本来可以让客户端将其请求与回复匹配，但这里没有考虑到这一点。此外，当服务器没有处于峰值负载时，也不会发生任何问题。系统的测试不会使服务器处于峰值负载，因此直到系统完全部署都没有注意到这个问题。

不幸的是，该系统提供的是银行信息，这意味着少数用户最终看到的不是他们自己的账户信息，而是其他客户的账户信息，这不仅让开发团队感到尴尬，还导致他们的项目被关闭，有几个人还被解雇了。

关于这个故事，你应该注意的是它与线程间锁无关，虽然这是大多数人在被告知一段代码是多线程的时候会想到的。没有神奇的方法可以让一个庞大而复杂的系统工作，不管它是否线程化。必须全面了解系统，并且必须充分了解可能的错误状态的副作用。线程程序和多核处理器本身不会让事情变得更危险，它们只会在你做错事的时候扩大伤害。

KV

3.6　线程是否依然不安全

速度无论多少都不安全。

　　　　　　　　　　　　　　　　　　　　　　　——Ralph Nader

关于线程代码的争论似乎永远不会结束。线程是用于将系统分解为相互协作的部分的关键抽象，但我们用来理解它们的工具仍然严重不足，在这一点上，较新的计算机语言，如 Go 语言，试图让它们的使用既明确又易于理解。线程的问题不仅在于我们的工具，还在于我们的思维。软件设计的经验表明，能够理解如何脱离协作、相对不协调、独立的任务构建系统的人相对较少。

亲爱的 KV：

　　出于性能需求，我的团队正在重新编写一些旧代码来运行多线程，以便从现在高端服务器中提供的新多核 CPU 获益。我们估计至少需要 6 个月的时间来分解我们的软件，使其足够细粒度，可以作为多个线程运行，并实现所有正确的锁定和关键部分。当我在网上查找关于线程的其他信息时，碰巧遇到一篇旧论文 "Threads Considered Harmful"，我想知道你对它的看法。这篇论文是在多核 CPU 出现之前写的，当时只有少量的商用 SMP 机，因此，那时编写线程代码可能没有意义，但现在情况不同了。你听说过这篇论文吗？你认为它仍然有意义吗？

　　　　　　　　　　　　　　　　　　Hanging by a...（命悬一……）

亲爱的 Hanging：

　　John Ousterhout 的警告在今天和它被写出来时一样重要，不是因为时代和技术没有改变，而是因为，唉，人们没有改变。大多数人决定创建多线程代码似乎是出于你在这里所述的原因，也就是希望从多线程代码中获得所谓的性能提升。这些人似乎从不费心去测试他们的代码，或者看看在多线程中运行代码是否可行。他们只是开始切割代码，妄想如果他们突然有了足够多的线程，就像变魔术一样，他们的代码就会运行得更快。

KV 的老读者会知道我从不相信灵丹妙药。在代码上挥舞一个带着"线程"标签的魔杖，就能使程序运行得更快，像杀死一只鸡那么简单吗？至少你处理完鸡后还能吃，这比你简单地线程化代码的结果好多了。实际上，线程化代码可能会让它运行得更慢，因为编写糟糕的线程代码通常比编写糟糕的非线程代码运行得更慢。正确使用锁所需的锁原语是非常重要的，如果使用不当，可能导致所有代码都在同一个锁上阻塞，降低代码的运行速度，或者更糟糕的是，会引入不易察觉的 bug。

线程代码的另一个问题是，用于调试它的工具仍然是原始的。尽管大多数调试器现在声称能够正确地处理线程，但事实并非总是如此，而且你真的不会想在调试代码时调试调试器。和 20 年前一样，现在的线程竞争条件依然很难调试，而且似乎也不容易找到，更不用说修复了。

许多人在匆忙线程化代码时遗漏的最后一件事是他们所链接的库的支持。如果你的程序要求它使用的库也是多线程的，那么当你意识到其中一些库不是线程安全的时，你可能会大吃一惊。在线程安全的程序中使用非线程安全的库会给你带来无尽的麻烦。

考虑到所有这些，你是否仍要继续对代码进行线程化？也许吧。你首先需要了解这里面的权衡，然后看看代码所做的工作是否适合多线程处理。如果代码有几个可以完全独立操作的组件，那么，是的，多线程可以带来一些好处；另一方面，如果组件都需要始终访问一小部分共享数据，那么线程将毫无用处。你的程序将花费大部分时间获取、释放和等待保护共享数据的锁。

所以，除非真的有好处，并且你和你的团队已经仔细考虑过了，否则我会尽量不去纠结于线程问题。

KV

3.7　身份验证与加密

安全是一种心态。

——《NSA 安全手册》

有人会认为，在拥有一个供人们买卖各种商品的公共网络 20 多年后，大多数从事技术工作的人都会理解身份验证与加密之间的区别，但正如下面这封信所示，这项知识并不像人们希望的那样普及。如果这些概念不仅能被很好地理解，而且能被智能地、一致地应用到几乎所有的软件系统中，那么网络世界可能会变得更好，然而……

亲爱的 KV：

我们正在构建一个新的 Web 服务，我们的用户可以在他们的网络账户中存储和检索音乐，这样他们就可以在任何他们喜欢的地方听音乐，而不必购买便携式音乐播放器。他们可以在家里用联网的计算机听音乐，也可以在路上用笔记本电脑听音乐。如果他们愿意，他们可以下载音乐，而且如果他们因为计算机问题而丢失了音乐文件，也总能找回来。看起来很美好，不是吗？

但是我有一个疑问。在关于这个的设计会议上，我建议我们只需加密从用户到Web 服务的所有连接，因为这将给我们和他们提供最大的保护。一位资深的同事只是厌恶地看了我一眼，我以为她要揍我了。她说我应该查查身份验证与加密的区别。然后，会上的其他几个人就笑了，我们接着讨论了系统的其他部分。我不是在为系统构建安全框架，但我还是想知道她为什么这么说？我看过的所有安全协议都有身份验证和加密，那有什么大不了的呢？

Sincere and Authentic（真诚和真实）

亲爱的 Authentic：

我很高兴她笑了，因为在我没有尖叫的时候别人尖叫会伤到我的耳朵。我不确定你读过什么关于密码学的书，但我敢打赌一定是一些复杂的数学书，用在研究生的算法分析课上。尽管 NP 完备性确实很吸引人，但这类书籍往往将太多的篇幅花在了抽象数学上，而不是应用这些理论创建安全服务的具体现实上。

简言之，身份验证是一种验证实体（如人、计算机或程序）与他们所声称的是否一致的能力。比如，你写一张支票时，银行就会把它兑现，因为你已经签了字。签名就是那张纸上的内容的真实性的标志。

加密是使用算法（无论它们是否在计算机程序中实现）来获取消息并对其进行置乱，这样只有拥有正确密钥的人才能解锁并获得原始消息。

从你的描述中可以很清楚地看出，目前对你的 Web 服务来说，身份验证比加密更重要。这是为什么呢？你现在最关心的是用户只能听他们购买或存储在服务器上的音乐，这些音乐不需要保密，因为不太可能有人通过网络嗅探来窃取这些音乐。更有可能的情况是，有人会试图登录其他人的账户来听他们的音乐。为了让用户证明自己是谁，他们将向你的服务验证自己的身份，很可能是使用用户名和密码的组合。当用户想要听他们最近购买的音乐时，他们向系统显示用户名和密码，以便访问他们的音乐。有许多不同的方法可以实现这一点，但基本的思路是，用户必须向系统提供一些标识他们的信息以获得服务，这就是为什么这种方式是身份验证而不是加密。

在将密码发送到服务器之前，不需要加密，只需要经过哈希函数处理。哈希函数是单向的，它接受一组数据，并将其唯一地转换为另一段数据，任何人（包括哈希函数的作者）都不能从中检索原始数据。哈希函数为每个输入产生唯一的数据是很重要的，否则两个不同的密码就有可能生成相同的哈希数据，这将使区分用户变得更加困难。

关于这类东西有很多书和论文，但除非你在研究新的算法，否则尽量避免那些空中楼阁的东西，因为你真的不需要它，它只会让你头疼。

KV

3.8　身份验证回顾

在互联网上引用的问题是它们很难被验证。

————Abraham Lincoln[⊖]

通常情况下，对 KV 写作的回复甚至比原始的那封信更有趣、更热情。下面这封信和回复带来了 3.7 节讨论的问题有趣的一面。

亲爱的 KV：

假设我是 Sincere and Authentic 的一个客户，而我的 ISP 网络管理员是一个肆无忌惮但热爱音乐的极客。他发现我在 Sincere and Authentic 那有个账户。他在接入路由器上放了一个过滤器来记录我和 Sincere and Authentic 之间的一个会话的所有数据包。之后他就可以从日志中提取音乐，而不用付一分钱。

我知道这是一个牵强的场景，但如果 Sincere and Authentic 希望他们的业务得到严密保护，他们难道不应该考虑解决这个问题吗？是的，当然，他们将不得不权衡风险和降低风险的成本，很可能会决定承受风险，但我认为，他的建议至少值得一场总结辩论，那些建议并不是令人厌恶的！事实上，在没有使用 IPSec 协议的情况下，对有效负载进行加密还有另一个好处：解密将需要特殊的客户端，这将大大有助于保护他们的商品不被窃取。

Balancing is the Best Defense（平衡是最好的防御）

亲爱的 Balancing：

感谢你阅读我在 2005 年 4 月这期 *Queue* 上发表的专栏文章，很高兴知道有人在关注它。当然，如果你一直密切关注的话，你会注意到 Sincere and Authentic 曾说

⊖　很显然亚伯拉罕·林肯没有说过这句话，作者在这里隐喻网上充斥着虚假的名人名言。——编辑注

过："在关于这个的设计会议上，我建议我们只加密从用户到 Web 服务的所有连接，因为这将给我们和他们提供最大的保护。""只需加密……所有连接"这句话就是问题所在。

你的场景并没有那么牵强，但 Sincere and Authentic 提出的"加密所有连接"的建议并不能解决这个问题。就算用户得到了音乐而没有被邪恶的 ISP 网络管理员嗅探出，用户自己也可以重新传播音乐。或者，邪恶的网络管理员可以自己注册这项服务，并简单地与他的 10 个热爱音乐的朋友分摊费用，从而以很大的折扣获得商品。因此，Sincere and Authentic 真正需要的是现在所谓的数字版权管理。之所以叫这个名字，是因为出于某种原因，我们需要让律师和营销人员进入这个行业，而不是像莎士比亚的《亨利六世》中建议的那样与他们合作。

Sincere and Authentic 没有意识到的是，收入损失的最大风险不是在网络上，在网络上只有一小部分人可以像你的 ISP 网络管理员那样玩花招，最大的风险是在音乐的传播和接收上。为你工作的人带走你有价值的信息的可能性远远大于试图从网络嗅探数据包的人。由于计算机可以完美复制数据，毕竟这是我们最初设计这些东西时优先考虑的点，所以在从系统的一端到另一端时，必须保护数据本身以避免损失收入。

人们常常不考虑系统的端到端设计，而"只是"尝试修复其中的一个部分。

KV

3.9　身份验证的例子

我们应该像对待武器级钚一样对待个人电子数据，它是危险的、持久的，一旦泄漏，就无法挽回了。

——Cory Doctorow

现在我们都知道了身份验证与加密之间的区别，可以把注意力转向如何正确使用身份验证了。我愿意相信，这封信的年代已经足够久远，任何一个头脑正常的人都不会像原作者那样，在身份验证系统中为自己的创建第一个通行证，在这一点上，我认为我们都知道得更多。

从更高的层次来看，除了信中所述的那些之外，在构建和部署认证系统方面还存在许多问题。其中一个关键问题是寿命：经过身份验证的会话应允许持续多长时间，以及持续使用是否可以延长特定会话的时间？

这个问题的答案五花八门，从银行应用程序在闲置几分钟后就终止会话，到 Slack 这样的聊天系统或 Facebook 这样的社交网站似乎永远都不会终止会话。银行界有一种默认拒绝政策，这不是为了保护他们的客户，而是为了覆盖银行潜在的损失。如果你处理的不是银行应用程序，如何确定适当的会话超时时间？有没有什么算法可以让这个决定变得简单？是的，这些问题的答案都是肯定的。

选择会话超时时间的关键在于判断攻击者获得与系统有效用户相同权限的不利风险。如果唯一的风险是攻击者也可以看到猫的图片，获得免费的、公开的、无威胁的数据的只读能力，那么会话超时时间可能会相当长。以在线报纸的头版为例，大多数报纸现在都有了付费墙，并取得了不同程度的成功，但这些报纸都保持头版开放，否则如何吸引读者到他们的网站？这样的系统当然可以有很长的超时时间，或者根本没有超时，只要唯一的功能就是阅读免费的新闻页面。当然，一旦通过了付费墙，会话就需要有超时时间，否则攻击者就可以获得一个无限令牌来绕过付费墙，而完全不需要付费。现在我们知道了需要一个超时，它应该是多长时间？人们多长时间看一次新闻？对于一个新闻网站来说，超时时间可能应该是几个小时，因为这是我们期望用户查看每日新闻的时间，我们可能会将其延长到将近一天，这样用户第二天就必须再次登录，就像他们在为日报付费一样。当然，这个决定还需要与其他团队一起做出，比如市场营销部，但我不会在这里讨论如何与这样的人打交道。

人们可能会认为最短的超时时间就是最好的，但实际上并非总是这样，特别是在会话超时会导致用户需要再次输入密码的情况下。用户输入密码的次数越多，他们就越有可能把密码写在便笺纸上，并把它贴在办公桌上。虽然我希望这是个玩笑，但它不是。人类对密码或密码短语的记忆很糟糕，甚至 Randall Munroe⊖的建议（见 https://xkcd.com/936/）似乎也无法帮助他们。随着手机、平板电脑和一些笔记本电脑的指纹和面部识别系统的出现，密码问题已经减少，但没有消除。切换到你自己拥有的东西，而不是你知道的东西，可以改变会话超时的计算方法，但我知道没有任何网站、银行或其他应用不使用密码，即使生物识别也是一种选择。

现在让我们回到这封信，它不是关于会话超时的，但一旦你阅读了它和回复的内容，你会发现会话超时问题不久后就会出现了。

亲爱的 Kode Vicious：

我是公司内部网中一个（相当新的）网站的新管理员。最近，我注意到，虽然我已经实现了一些用户身份验证（一个链接到 SQL server 的 start*.asp 页面，有用户名和密码），但一些用户发现，也可以输入一个到该网站中的特定网页（而不是进入该网站的主页）的较长 URL，直接进入该页面，而无须经过身份验证（也不会在 SQL 数据库中记录他们的登录记录）。我想知道你会建议我实施什么解决方案，以确保任何和所有的网页访问都被 Web 服务器检查和记录。

New Web Master（新网站管理员）

亲爱的 NWM：

我对你深表同情。正如我之前提到的，用户是我们的痛苦之源。那些鬼鬼祟祟的讨厌鬼每次都会绕过你的系统，只是为了获取他们想要的数据，而不注意你的登

⊖ 兰道尔·门罗，美国热门科普漫画网站 xkcd 的创立者。——编辑注

录系统。现在，有很多方法可以对付顽固的用户，但我在这里只讨论合法的方法。

从你的描述来看，你创建了一个多余的身份验证系统，它没有为用户或你提供太多有用的东西。用户可以绕过你的登录页面，实际上你只是创建了一些没有任何实际价值的代码，而没有价值的代码是一个真正的耻辱。在解决这个问题之前，你需要改变你的思维方式。

现在，使用你的身份验证系统是自愿的，很容易被绕过，因为你没有对用户可以看到的每个页面强制执行身份验证。在你的信中，你没有提及你的系统具有任何身份验证系统的必要特性，例如：

❑ 身份验证赋予用户的权限。例如，他们能否读取、修改或创建页面。

❑ 用户如何向系统证明他们通过了身份验证。

❑ 用户和系统如何确认他们的身份。

你有一个网页系统，你认为里面的页面包含有价值的信息，因为你说你想要保护它们。然而，这些页面却没有任何保护措施，任何人都可以知道或猜出链接的名称？这是完全错误的。如果你有必须保护的信息，那么你就应该保护它。保护它的一种方法就是实现上面列出的那些特性，即用户必须向你的登录系统证明他们是谁，然后必须证明他们经过了身份验证，并且在他们想要阅读页面时有权查看信息。

用户如何证明他们拥有这些权利？用户必须首先与登录系统对话以证明他们是谁。在你的例子中，你实现了一个网页，在它的背后有一个存储了用户名和密码的数据库。

顺便说一句，我希望你只存储密码的哈希值，而不是原始文本。密码会得到唯一的哈希值，因此，如果密码是 foo，结果的哈希值可能是数字 5。给定数字 5，不能反向得到 foo，但是给定 foo 和相同的哈希函数，你总是会得到 5。在验证密码时，你实际上是在比较哈希值，原始字符串 foo 永远不会被存储。保留一个包含原始用户名和密码对的数据库是一个严重的安全漏洞。

那么，现在用户可以通过使用用户名和密码登录来证明他们是谁，但是如何满足第三条特性呢？他们向你的系统提交了用户名和密码，但是，那又怎样？对于页面来说真正的问题是页面本身没有受到保护。如果你希望强制用户对自己进行身份验证，那么对 Web 服务器的每个请求都必须包含一些信息，以证明用户已经通过了身份验证。如果服务器不检查请求以确定它们是否来自经过身份验证的用户，那么使用身份验证系统就毫无意义了。用户应该向系统提供什么？

在网络世界中，用户，或者更确切地说，用户的 Web 浏览器和服务器之间交换的最常见的信息是 cookie。cookie 就是服务器可以在用户的浏览器中设置的数据块。当用户在特定域内浏览时，服务器可以查看 cookie 并从中获取信息。在身份验证系统中，服务器应该在用户的浏览器中设置 cookie，然后在后续每次访问系统时检查该 cookie，以验证用户有使用系统的权利。

cookie 里应该放什么？这主要取决于你作为系统维护者希望跟踪哪些数据，但为了防止系统被滥用，有两件事是绝对必要的。第一，cookie 必须有数字签名。数字签名可以防止用户篡改 cookie 以获取访问权限。如果有人知道了你的 cookie 的格式，而你的 cookie 没有签名，那么这个人就可以制作自己的 cookie，然后把它们提供给服务器，从而绕过你的身份验证系统。第二个，cookie 应该包含一个超时时间，超过这个时间 cookie 就不再有效，必须被替换。身份验证 cookie 的无超时时间属性会使窃取这些 cookie 变得非常有价值，因为一旦获得它们就永远不能被撤销。不过，设置超时时间是一种平衡方法。你的用户会希望他们的身份验证令牌能使用尽可能长的时间，可能持续数月，而你为了保持对系统的控制，更希望使用更短的时间，比如一小时。如何在最宽松的超时时间和最严格的超时时间之间取得平衡超出了本文的范围，这取决于你的用户以及你拥有多少管理后盾能迫使他们按照你希望的方式行事。我发现提醒管理人员如果用户能够从系统中泄露和窃取信息他们将损失多少钱，可以非常有效地缩短超时时间。管理层讨厌丢钱就像 KV 讨厌丢掉酒柜钥匙一样。

所以，现在你有了一个身份验证系统的模型，而不仅仅是一个在用户愿意的时候记录他们的登录行为的系统。用户登录后，他们会得到一个经过数字签名以防止篡改的 cookie，并且该 cookie 有一个有限的生命期，然后他们必须使用它来读取任何其他页面。有很多方法可以实现这一点，但这只是大概的轮廓，而且在网上有很多例子说明如何实现这一点，所以回到那里，解决这个问题。

KV

3.10　编写跨站脚本

没有所谓的完全安全，只有不同程度的不安全。

——Salman Rushdie

在准备本书的过程中，我不得不面对的一个难题是，同一个话题已经出现了很多次，虽然对这个话题给出的建议简单而直接，但问题仍然有增无减。以下关于跨站脚本（CSS）的回复是十多年前写的，但如果在搜索栏中键入这些词，或者为了更有趣，在 Mitre 的通用漏洞披露网站（https://cve.mitre.org/cve/search_cve_list.html）进行搜索，我会发现问题不仅没有减少，而且总共 341 个搜索结果中有 4 个就出现在今年的头几个月。

绝大部分 CSS 漏洞的成因是，几乎完全忽略了正确验证输入，这是最重要的问题，而 CSS 只是一个特定的实例。经过了 20 多年面向全球互联网的代码开发后，程序员仍然会不去验证用户输入，这是让我非常惊讶的，但也有很多人在使用厕所后仍然不洗手，所以也许人们就是学不会。

在处理用户输入时，输入验证元问题给我们带来了系统设计中的三个要点：

❏ 永远不要将用户输入传递给任何会将其视为要执行的内容的东西；

❏ 尝试将任何用户输入与任何已知的良好模式进行匹配；

❏ 使用所选语言中的内置清洁程序。

每种语言，不管是好是坏，都有一种方法呼叫运行它的系统来完成某些工作，例如删除文件、更改权限或启动另一个程序。这些包罗万象的习惯用法通常看起来像 C 库中的 system() 例程，但几乎每一种语言都有，例如 Python、PHP、Go、Rust 等。最好的做法是绝对不要使用这种习惯用法。第二好的做法是永远不要让用户的输入触及这种习惯用法。这种习惯用法导致的问题是如此普遍，以至于几乎所有的静态分析程序都会搜索你的代码，并在发现此类问题时发出巨大的警告。

现在我们已经过了将用户输入传递给 `system()` 例程的阶段，让我们考虑一下如何正确地接受用户的输入。虽然并非总是能够预测每个用户的输入，但在许多情况下，我们只对几种类型的响应感兴趣，例如对一个问题的一组预先确定的答案。如果我们有幸处于这种情况，那么就可以在系统中建立预先确定的列表，并禁止任何不在列表之内的输入。回顾 Postel 早期的互联网编程智慧，我们在接受什么输入方面就会更保守一些。

最后，对于第三点，我们来看看必须处理来自用户的几乎任意输入的情况，这将在下面的信件及回复中讨论。

亲爱的 KV：

我知道你通常会将所有的时间花在使用 C 和 C++ 编写的系统的"肠道"里，至少这是我从你的专栏文章中了解到的，但是我想知道你是否可以帮助我解决一个问题，这个问题出自一个低位字节和比特稍有不同的语言——PHP。我工作的大部分系统都是用 PHP 编写的，而且我打赌你已经知道了，这些系统都是网站。我最近的项目是一个支持用户评论的商业站点。用户可以向网站提交对产品和商家的评论。我们的 QA 团队一直在抱怨的事情之一是可能的 XSS 攻击，也就是跨站脚本攻击。我们的测试人员似乎有一种特殊的能力来找到这些漏洞，所以我想问你：首先，为什么跨站脚本对他们来说是一个大问题？其次，如何在我的代码中有效避免这样的错误？最后，为什么跨站脚本缩写为 XSS 而不是 CSS？

Cross with Scripted Sites（跨站脚本）

亲爱的 CSS：

首先，让我们搞清楚一些事情，我可能在 C 和 C++ 上花了很多时间，但我反对在这个背景下使用"肠道"这个词。我的工作已经够糟糕，就不用再有这种在任何东西的"肠道"里工作的形象了。

让我先回答你的最后一个问题，因为这是最简单的。跨站脚本被缩写为 XSS 的原因与我将 code 拼写为 kode 的原因是一样的。程序员和工程师认为他们很聪明，喜欢通过改变语言来标记事物，特别是把他们创造的每一个可能的术语变成只有他们知道的缩略词。这是专业化的副作用之一，在我那些更有文化的朋友拿着火把和干草叉来找我之前，我们先不聊这个问题。

现在，回到我认为我们共同关心的更严肃的问题：跨站脚本，也就是将

JavaScript 注入站点，然后让站点将脚本代码发送给用户的能力。跨站脚本攻击实际上涉及很多风险，因为 JavaScript 代码可以执行许多不同的恶意操作。例如，代码可以完全重写显示的 HTML，在你的例子中，这意味着其他人可以完全重写用户提交的评论，这可能不是你希望其他人能够做到的事情。另一个例子是恶意代码可以窃取用户的 cookie，而 cookie 经常在 Web 应用程序中被用于提供用户识别的功能。如果用户的 cookie 被窃取，那么攻击者就可能替代用户并接管他们的账户。如果你的网站以这种方式使用 cookie，这将是一个很大的风险。所以，你可以理解为什么 QA 团队会感到不安，说实话，我很惊讶他们从来没有解释过为什么这是一种风险，或者他们只是认为你应该更清楚。

没有进行正确的输入验证几乎总是会导致跨站脚本错误。既然你说你读过前面的专栏文章，那么你肯定知道我不信任用户，你也不应该信任他们。在设计一个网站时，你必须接受这样一个事实：如果你的网站有数百万的潜在用户，那么使用它的人中必然一定比例的人会攻击你的网站。世界就是这样，有些人就是讨厌鬼。这意味着我们的设计不仅要考虑到普通用户，还要考虑到那些不太正常的用户。

在处理用户评论的例子中，我确信某些市场营销人员会要求用户不仅能够上传纯文本，如："哇，这个商家太棒了，我在 24 小时内就得到了所有东西，我还会再从他们那里购买的！"还要能使用 HTML，比如：¡b¿¡font color = "red" ¿Wow!¡/font¿¡/b¿,，其中充满了粗体和红色标识，如果可以的话，他们还会要求有动图，因为市场营销人员似乎是根据他们在项目中添加的愚蠢功能的数量获得报酬的。我并不是针对所有市场营销人员，只是针对那些认为拥有 20 个按钮的界面比拥有 10 个按钮的界面要好得多的人。摆在你面前的问题是，如何让 HTML 的一些子集通过，至少有粗体、下划线，也许还有颜色，并且禁止其他任何内容。你要找的方法就是白名单，清理字符串以只允许有这些标记的函数伪代码如下所示：

```
//
// Function: string_clean
// Input: an untreated string
// Output: A string which contains only upper and lower case letters,
//          numbers, simple punctuation (. , ! ?) and three types of HTML tags,
//          bold, italic and underline.

string string_clean(string dirty_string)
{

string return_string = "";
```

```
array html_white_list = ['<b>', // bold
  '<i>', // italic
  '<u>']; // underline

array punctuation_white_list = ['.', ',', '!', '?']

for (i = 0, i < len(dirty_string), i++)
{

if (isalpha(dirty_string[i])) {
return_string += dirty_string[i];
continue;
} else if (isnumber(dirty_string[i])) {
return_string += dirty_string[i];
continue;
} else {
if (dirty_string[i] is in $punctuation_white_list) {
return_string += dirty_string[i];
continue;
} else if (dirty_string[i] == '<') {
$tag = substring(dirty_string, i, i + 2);
if ($tag in $html_white_list) {
return_string += $tag;
} else {
return_string += ' ';
i += 2;
}
}
}
return_string += ' ';
}

return return_string;

}
```

我想指出 **string_clean** 函数的几个特性。首先，这个函数是非常严格的，允许使用的字符包括所有大写和小写的罗马字母、0~9 共 10 个数字，以及四种类型的标点符号（句号、逗号、问号和感叹号）。它不允许使用圆括号和大括号，这可以防止 ?{ 通过校验。对于 HTML，只允许三种标记：粗体（<b>）、斜体（<i>）和下划线（<u>）。该函数是以白名单的形式实现的，这意味着只有允许的字符被添加到返回的字符串中。许多字符串清理函数是以黑名单的形式实现的，也就是说它们列出的是哪些是不允许的。黑名单和白名单的问题在 Input Invalid 的信中得到了处理，所以这里不再详细讨论。对效率感兴趣的人请注意，我们首先检查最常见的情况，即字母，然后是数字，再是标点符号，最后是允许的标记。我选择这个顺序是为了让代码能够在最常见的情况下以最快的速度追加字符并完成循环，这有望为我们提供最好的性能。你还应该注意，默认操作是忽略"输入"字符，只是在返回字符串后面追加一个空格。追加一个字符串的目的是查看哪里可能有非法文本。简单地删除违规字符就很容易错过存在攻击的位置。

当然，这是一个简单的过滤函数的第一步，它必须根据你的环境进行定制，但我希望它能帮助你找到正确的方向。为了防止此类攻击，你不仅必须编写这样的函数，而且你和团队中的每个人都必须在每个用户输入上使用它。我碰到过很多次，在库中有一个合适的过滤函数，但出于某种不正当的原因，开发产品的工程师决定干脆忽略它或绕过它，因为他们觉得自己更擅长处理输入。我对这种人有一个建议，不要这样做。如果对特定的输入部分需要一些特殊的能力，那么可以扩展该函数或创建一个新的函数，该函数也可以持续使用。从长远来看，这将为你节省大量的时间和麻烦。

KV

3.11 网络钓鱼和感染

> 在互联网上使用加密技术，相当于安排一辆装甲车将信用卡信息从住在纸板箱里的人这里传递到住在公园长凳上的人那里。
>
> ——Gene Spafford

在我们必须使用技术手段防范的攻击中，网络钓鱼可能是技术性含量最低的一种，因为网络钓鱼实际上更像是一种人与人之间的骗局。它不是对代码的攻击，而是对人的攻击。

网络钓鱼是一种利用与全球网络相连的计算机系统欺骗他人的能力，它扩大了攻击范围，降低了个人被抓住的风险，因为攻击者和被攻击者在现实世界不一定有接触。

许多人试图通过技术手段使网络钓鱼变得更加困难，例如验证电子邮件上的加密签名，让 Web 浏览器阻止已知的"坏"网站，改变其地址栏的颜色，展示一个锁以显示正确的身份验证和加密的会话，以及许多其他事情。这些都没有真正削弱钓鱼者在某些时候愚弄某些人的能力。

由于网络钓鱼是一种人类行为，我们需要解决的其实是人类的问题，尽管正如本节中的信件和回复所示，我们可以做一些技术上的事情来让网络钓鱼者的生活更加困难。

经过了新闻中十多年的关于网络钓鱼的宣传，这似乎是显而易见的，而且对我们这些企业界的人来说，经历了太多可怕的、生动的网络钓鱼"培训"，人们应该自然会变得更加谨慎，但 KV 感觉并非如此。似乎有些人天生就比较谨慎，有些人则不然。我经常讲我母亲的故事，她不是一个与计算机打交道的人，她是这样处理电子邮件的：

KV：我想给你买台新计算机。

妈妈：我喜欢我的机器，它很好。

KV：当然，但它现在肯定到处都是病毒。

妈妈：不，没问题。

KV：怎么可能？

妈妈：我不会随便浏览网站，当我收到不认识的人的邮件时，我不会打开它，会直接删除，然后清空垃圾箱，确保它被清理掉了。

KV：……

我经常回想这段对话，因为它提醒我，避免网络钓鱼的正确心态与技术知识无关，我希望我遇到的技术岗位上的一半人也能这样做。我从小就沉浸在这种谨慎的思维方式中，我的整个家庭都有这种情况。除了在一个公认的偏执狂家庭中将他们抚养长大，还可以如何把这种思维方式向人们传递下去呢？也许我们可以引用 Jack D. Ripper 将军[一]的名言：

我想向你们强调，需要极度警觉。敌人可能单独前来，也可能大举前来。他们甚至可能穿着我们自己部队的制服前来。但是无论他们怎么前来，我们都必须阻止他们。现在，我将给你们三条简单的原则：第一，不相信任何人，无论他穿着什么制服或军衔如何，除非你认识他；第二，面对任何接近周边 200 码[二]范围的人或物都要开枪；第三，如果有疑问，先开枪，然后再问问题。我宁愿接受因意外而造成的少数伤亡，也不愿因大意而失去整个基地和所有人员。

对于网络钓鱼来说，这意味着我们要教会人们两件重要的事情：

- ❏ **不要相信任何人，即使他们是你认识的人。**如果你收到做某事的请求，通过不同的渠道验证该请求。例如，如果你收到一封电子邮件，给他们打电话。
- ❏ **"先开枪，再问问题"。**对于电子邮件通信，这是指删除你认为是网络钓鱼的电子邮件。如果这件事真的很重要，而且确实有价值，那个人会再次联系你，如果你仍然担心，你可以通过其他方式联系他们。

我在回复中没有提到的一个话题是，大多数密码恢复问题都是愚蠢的，而一旦有人知道他们已经被网络钓鱼了，密码恢复问题就会发挥作用。令人困惑的是，如今仍然有一些系统会问一些很容易从公共记录或在线搜索中收集到的问题，比如母亲的娘家姓和你住过的地方。一位在安全领域工作的同事将任何被问的问题都当作："你的人生哲学是什么？"并在答案中加入了只有他自己知道的一些诙谐而难忘的内

　　[一]　电影《奇爱博士》中的人物。——编辑注

　　[二]　1 码 = 3 英尺 =0.9144 米。——编辑注

容，因此，如果攻击者不得不与客户服务代理交谈才能窃取账户，那就会非常困难。当然，考虑到使用"password"作为密码的人数多到令人沮丧，这不会对每个人都有帮助，但对于我们这些真正关心网络安全的人来说还是很有用的。

如果我们能以某种方式让这些想法留在人们的头脑中，网络钓鱼的问题将大大减少，但在那一天到来之前，我想我们还是不得不给 URL 加上颜色，发出大量警告，并希望一切顺利。

亲爱的 KV：

我注意到你之前提到了一些关于跨站脚本的问题，想知道你是否对另一个网络问题——网络钓鱼有什么建议。我在一家大型金融机构工作，每次我们推出一个新的服务复选框时，安全团队都会来找我们，要么因为登录页面看起来不一样，要么他们声称我们的表单很容易被用于从用户那里窃取信息。这并不是说我们希望我们的用户被钓鱼，实际上我们非常重视这一点，但我也认为这不是一个技术问题。这只是因为我们的用户很愚蠢，他们会把自己的信息泄露给任何一个似乎愿意合理伪装我们的某个页面的人。我的意思是，拜托，URL 不是提供了足够的信息吗？

Phrustrated

亲爱的 Phrustrated：

啊，是的，你的用户很愚蠢：他们只是坐在那里等着有人弹出一个登录界面或一个充满个人信息输入项的页面，然后填写这些信息。他们这么做只是为了得到你想提供的东西。按照这些思路思考是非常舒服的，因为这会让你有优越感，意味着你不必做任何工作来解决问题，相反，你认为你应该"修复"用户。不幸的是，正如我从长期的经验中学到的，打击愚蠢的人并不能让他们变得更聪明。

现在，我和你一样不喜欢用户。他们要求很高，希望事情简单，破坏了我玩真正的"我的玩具"的乐趣。唉，我们的工作就是让这些玩具更好地为用户服务，所以我们还是得稍微考虑他们一下。那么，什么是网络钓鱼？

网络钓鱼是攻击者让他人泄露重要或有用信息的能力。在最高层次上，这是书中最古老的伎俩之一，可能可以追溯到最古老的职业。这是一种骗局，你的用户就是被骗者，除非被骗者注意，否则他们的用户名和密码或者社会保险号、电话号码、生日等信息都会被骗走。互联网扩大了旧时代的骗子的能力，因为现在在计算机上存储着大量重要信息，而通过互联网可以从地球上任何地方触达数亿个家庭。

虽然网络钓鱼问题没有确定的技术解决方案，但有一些方法可以评估可能的解决方案，当有人在会议上说"好吧，如果我们只是……"时，应该记住这些方法。我对这个特定的短语有过敏反应，因为它后面通常是一个似是而非或考虑不周的建议，听起来不错，但无法跟随它得出一个合乎逻辑的结论。

显然，有很多聪明人在考虑这个问题，但我所看到的关于评估反钓鱼技术的最好建议来自 Rusty Shackleford。Rusty 的规则可以这样总结：

- ❑ 攻击者能看到的任何东西，攻击者都可以伪造。
- ❑ 用户知道的任何事情，用户都会——也必将会暴露。

  推论：用户的浏览器知道的任何事情，用户的浏览器都会——也必将会暴露。

- ❑ 解决方案的好坏取决于它的第一步。也就是说，你的解决方案只有与用户发现自己处于不熟悉的环境时想要做的事情一致时才会有效。

让我们一条一条地看。第一条看起来很简单，但是很多人没有注意到这一点。通常，人们会在页面中添加视觉效果提示，以便用户"知道"他们正在登录到正确的页面。问题在于，你向所有用户展示的任何内容，所有"坏人"也都可以看到，而且很容易重新创建，不管这些内容有多复杂。最终，所有这些复杂性都会被用户忽略，所以不用麻烦了，他们不会注意到的。现在，如果你能想出一些使页面变得个性化的东西，可能是一个图像，但不是从包含 10 个或 100 个图像的列表中选择的一个，那么这可能可以提供一些保护。声音是个性化页面的另一种方式，尽管对于那些讨厌在咖啡馆或小隔间等公共场所发出噪音的人来说，这很让人烦躁。

第二条是一个更难解决的问题，用户被欺骗了，这就是问题的根源，让我们面对它吧。如果反网络钓鱼系统只是依赖于从用户那里收集到的不同数据集，比如将"你母亲娘家姓什么"换成"生命的意义是什么"，那么你只是在切换问题，就像移动泰坦尼克号甲板上的椅子一样，并不会改变结果。一个好的反网络钓鱼系统的目标之一应该是，如果可能的话，不要从用户那里收集任何"个人和秘密"的信息，因为这些信息并不是真正的个人的或秘密的，他们会很容易把这些信息输入一个巧妙的网络钓鱼页面。

也许这些规则中最难理解的是第三条。Rusty 在这里的意思是，无论你的系统的后期阶段构建得多么好，如果第一步容易受到前面两条规则中所指出的任何问题的影响，那么整个过程都会崩盘。困惑的用户是最容易被钓鱼的。例如，如果你的账户恢复页面要求用户输入用户知道的大量复杂的"个人和机密"信息，那么网络钓鱼者很可能会利用这一点，他们不会去托管一个虚假的登录页面，反而很可能会托管一个虚假的账户恢复页面。使用账户恢复信息窃取账户就像使用登录名和密码一样容易。

好吧，我承认，我无法在 1200 字以内解决网络钓鱼问题，但我希望 Rusty 的建议能对你有所帮助，让你不那么沮丧。他的建议确实让我打消了一些我听说过的更值得怀疑的关于反网络钓鱼的想法，有些时候，这已经是成功的一半了。

KV

3.12　用户界面设计

当人们试图设计出万无一失的东西时，一个常犯的错误是低估了傻瓜的创造力。

——Douglas Adams

一个底层系统人员对用户界面（UI）设计真正了解多少？嗯，我可能不太了解UI，但我知道我喜欢什么，也就是说我很清楚自己不喜欢什么。下面的信件和回复并不是关于如何设计UI的，而是关于如何将UI设计与整个系统的设计隔离开来的。许多现代用户界面都是建立在模型-视图-控制器（MVC）和模型-视图-表示器（MVP）范式之上的，这些范式在将系统的外观与系统的工作方式隔离开来方面做了足够的工作。模型是用来存储数据的，控制器是用来操作数据的逻辑的，而视图或表示器则以UI设计师认为最合适的方式将数据呈现给用户。将UI设计师限制在一个盒子里，这样他们的选择就不会对系统的整体逻辑产生负面影响。

下面的信件和回复没有讨论MVC或MVP等正式范式，但确实触及了重要的一点，即尽可能在系统外观和面向用户的功能之间创建一个干净的界面，因为这种类型的围栏对于这两者来说是最好的，尤其是对于那些进行大型系统设计的人来说。

亲爱的KV：

我偶尔读过你在 *Queue* 上的专栏文章，但我没有看到你提到任何与用户界面设计有关的内容，以及它可以如何完全改变一个软件。我是一名程序员，碰巧正在处理一家销售点软件厂商的一个项目，销售点软件是收银机的另一种不错的说法。市场营销人员和用户界面设计师（我们有几个人负责不同的产品线）的目的似乎总是把软件扭曲到只会让它更脆弱的方向。这些人要求提供一些特性，虽然对于一个天真的用户来说，这些特性可能会使用户界面更易于个性化或使用，但对于项目中的任何程序员来说，很明显，这些特性会对代码大小、清晰度产生负面影响，或带来其他一些令人讨厌的副作用。我们的发布有好几次被推迟，因为中途我们被要求提供一个特性，而该特性被证明有非常可怕的副作用，以至于我们不得不在最后将其删除。有时，这些"特性"实际上只是视觉上的变化，但我们的系统很容易在视觉上发生变化，似乎营销和设计人员只是为了好玩而改变，就好像按钮的颜色在前一天应该是红色，然后在第二天又应该是蓝色。有没有办法让这些害虫消失？

Torqued（扭曲的）

亲爱的 Torqued：

　　是什么让你"只是偶尔读我的专栏文章"？！好吧，如果你一直在阅读，你就会知道我实际上还没有解决你的问题，但我会告诉你一个小秘密。在幸运地从表示层脱身之前，我以为我也想从事用户界面方面的工作。毕竟，当别人使用你的软件时，用户界面是他们看到的第一个东西，如果做得好，也是人们最先称赞的东西。很少会有人走过来对你说："嘿，很好的协议，我真的很喜欢你在 flags 字段中利用备用位的方式。"当我第一次可以对妈妈说："嘿，看到了吗？我做到了！"并且可以简单地解释我所做的事情时，我真的非常开心。有两个原因让我离开了 UI 工作：第一个原因是我对底层操作系统（如设备驱动程序和网络）的浓厚兴趣；第二个原因是你提到的市场营销和设计人员。我记得有一个人，他似乎很喜欢要求做出改变，就好像积累起来的修改是他对我们正在构建的系统的个人贡献，但事实并非如此，他只是在消耗资源。

　　现在，在继续之前，让我声明一下，有一些优秀的用户界面设计师是真正明白在软件中进行普遍的更改需要的时间比几秒钟多的，因此，他们会仔细选择他们的请求，并与程序员一起工作，以使事情进入合适的状态。他们有五个，不，我不会透露他们的电子邮件地址。

　　这些年来，我已经制定了一些策略来应对那些干扰性更强的设计师，他们根本不是真正的设计师，只会流畅地谈论颜色的使用，可以帮助你装饰房子，但在软件方面毫无用处。这些策略都不涉及暴力，也不会让你被捕，所以我觉得我可以分享它们。

　　在构建系统的早期阶段，程序员或软件架构师可以做的最重要的事情之一，是将信息呈现给用户界面的方式与在真实系统中存储和操作它们的方式分离开来，以保护自己不被别人牵着鼻子走。我知道这样的规则看起来很明显，但我看到人们一次又一次地做完全相反的事情。查看系统需要将哪些数据作为一组输入进行存储和操作是一个不错的想法，但存储和操作数据的方式必须与输入数据的方式分开，否则你就会迷失方向。

好了，现在我们已经把表示和操作系统分开了，接下来要做的是设计一个表示层，它很容易更改，而不会破坏系统的其余部分。如果你的设计师想要每周、每天或每小时更改整个用户界面中使用的颜色、文本、字体、字号和字符集，那就随他们去吧！这可以给你更多的时间来编写真正的特性，如果他们不玩 Pantone[⊖]色轮、字体和按钮边框的话。要确保更改用户界面不需要任何构建软件或使用任何复杂工具（如文本编辑器）的知识。你最不希望的就是像我一样，当设计师抱怨他们每次编写代码都会崩溃时还得照顾他们。应该让更改用户界面时不需要编译任何东西。

确保用户界面能够在没有真实系统的情况下进行模拟也是一项重大胜利。如果设计师可以在你构建系统的其他部分时设计 UI，你会更高兴，这样你就不必因为设计师现在需要一些你知道很久以后才需要的特性而不断维护未完成的系统。

随着所有这些解耦的进行，系统中需要注意的最大内部危险是层扩散。我最喜欢引用网络研究员 Van Jacobsen 的话："层是思考网络协议的好方法，但不是实现它们的好方法。"对于大多数软件来说也是如此。你需要几层？足够完成工作即可，而不需要太多，那样会影响性能。不喜欢这种含糊其词的回答吗？坚强点，接受现实吧。这是你的系统，你必须自己解决这个问题，但如果你根本不去想它，那你以后真的会恨自己。要么你会因为层太少，有一些讨厌的代码违反了层约束，从而导致一些问题；要么你会在另一个极端，这时你最好将数据移动到纸上，因为这比等待数据从二级存储的黑暗深处爬上来，几分钟后才看到曙光要快得多。相信我，这两种系统都不是你想要的。

那么，这就是 KV 快速总结的关于让你免受团队中 UI 设计的伤害的策略：将 API 从 UI 中分离出来，构建一个不需要程序员就可以更改的表示层，尽快模拟后端，并确保拥有正确的层数。

KV

⊖　Pantone 是一家闻名全球的专门开发和研究色彩的权威机构。——译者注

3.13　安全日志

世界上最安全的代码是还未编写出来的那些。

——Colin Percival

日志系统常常是安全的致命弱点。在审查系统时，一个非常常见的交互很有可能像下面这样发生：

KV：这个系统存储什么数据？

嫌疑人：一些个人信息。

KV：（扬起眉毛，放低声音，说得更慢）比如？

嫌疑人：你知道的，姓名、地址、电话号码、电子邮件……

KV：这些信息存储在哪里？

嫌疑人：我们把它们存储在我们的数据库中。

KV：（压低声音，危险地说）加密了吗？

嫌疑人：（像被咬了一样跳了起来）当然！

KV：（声音恢复正常）好，好。那支付信息呢？

嫌疑人：我们把它们存储在一个单独的数据库中，也是加密的。

KV：太好了！那么，系统是否记录交易数据以用于调试和跟踪问题？

嫌疑人：当然！

KV：请告诉我每笔交易记录了哪些数据。

嫌疑人：我们通常使用高日志级别运行，所以很容易跟踪问题。在这个级别上，我们记录每笔交易的所有信息。

KV：包括个人信息？

嫌疑人：（开始看起来很担心）是的……

KV：（漫不经心地问）信用卡信息呢？

嫌疑人：（看着鞋子）是的……

KV：（摘下眼镜，摸着光头）用明文的形式。

嫌疑人：嗯，是的。

这不是一份精确的记录，因为一份精确的记录在结尾会有很多丰富多彩的隐喻。

对话的重点在于我们经常遇到的，当人们在给一个系统设置安全措施的时候，往往只锁上前门，却让窗户、地下室和后门大开着。构建一个安全的系统并不只是遵循一套指导方针或一本运行手册就可以的，还要考虑所有访问数据的位置以及如何控制这些访问。日志系统只是泄漏数据的一种非常常见的形式，但是还有很多其他形式，例如调试接口，这是访问系统的另一种常见方式，调试接口在交付系统中经常是开放的。

随着廉价且易于使用的加密文件系统的出现，这类日志数据的大部分存储现在应该不是问题，但在实践中仍然很少看到这些。

构建安全的日志系统只是构建安全的系统的一部分，但是由于日志系统非常常见，所以我们就从日志系统开始。

亲爱的 KV：

我一直在为一个新的支付处理系统编写日志系统。你应该能够想象到，我们必须能够在每个计费周期结束时，与客户和其他用户（如信用卡公司）核对日志中的数据，而且账单本身就可能存在争议，因此我们需要记录很多的数据。我得到这份工作有两个原因：一是我是小组中最新的成员；二是没有人认为编写另一个日志系统是一件很有趣的事情。我也没有从团队中的其他人那里得到很多帮助，他们声称"在他们的工作时间里编写的日志系统比他们想的要多得多"。请问你对于编写一个合适的日志系统有什么建议吗？

Logged Out（注销）

亲爱的 Logged Out：

如果你的同事以前编写过很多日志系统，那么你为什么不直接使用它们呢？也许你的同事对你撒了谎，他们从未编写过任何日志系统，或者（我怀疑这更有可能）他们尝试了，但他们的系统失败了。当然也有可能只是我比较悲观。

事实证明，编写一个好的日志系统，就像编写任何一个好的软件一样，既困难又珍贵。你的许多决策将取决于你对于记录的数据的需求，由于你记录的是金融交易，这些需求必须包括能够保持数据私密性、审计日志中的错误，并且能够验证日志中包含的数据没有被篡改。

数据隐私现在是我们行业的一个大问题。遗憾的是，对于过去几年因泄露私人数据而出名的公司来说，这个问题还不够大，比如 Choice Point、美国银行、富国银行、安永会计师事务所，但他们现在都为此感到痛不欲生。个人数据泄露现在是一个大问题，一些国家的政府已经制定了强有力的法规来惩罚这些违法者，我认为你们会希望避免受到这样的惩罚，我是一定会去想办法避免的。

保持数据私密的最好方法是根本不存储它。存储了数据就使其有可能被破解，这似乎是显而易见的，但每次我认为什么是显而易见的，我最后读到的新闻就会告诉我，不，还不够显而易见。只保留你需要的数据来支持你需要提出的主张，并且不要保留数据太长时间。大多数金融机构对数据的保存时间都有限制，严格遵守与你的产品相关的条款，任何东西的保存时间都不要超过你需要的时间。

一旦你筛选出了你真正需要保存在日志中的东西的列表，决定哪些可以被屏蔽，哪些必须被加密，哪些可以被公开。屏蔽数据并不意味着销毁它，而是以一种独特的处理方式处理数据使其变得唯一，哈希函数就是一种很好的方式。对于任何输入，一个好的哈希函数都会产生唯一的、看似随机的输出。请看下面的例子，在我的 Mac 上使用 md5 程序：

```
? md5 -s "1234 5678 9012 3456"
MD5 ("1234 5678 9012 3456") = d135e2aaf43ba5f98c2378236b8d01d8

? md5 -s "1234 5678 9012 3457"
MD5 ("1234 5678 9012 3457") = 0c617735776f122a95e88b49f170f5bf
```

给定两个字符串，它们看起来像假的信用卡号码，其中只有一个位置的数字不同，md5 程序可以产生看起来完全不同的两个随机字符串。如果你能找到其中的规律，请联系你当地的军情六处成员或同等级别的人，因为他们的信号部门有一份工作要给你。

这两个字符串不仅看起来是随机的，而且是唯一的，这意味着它们是用于数据记录的一个很好的主键。每个带有这些字符串的日志条目可以唯一地标识信用卡，但是读取日志的人无法从哈希中找出原始信用卡号。屏蔽可以用于所有类型的数据，如果数据被盗或被泄露后可能会被其他人使用，那么将其屏蔽绝对是好的。

如果有数据必须能够以原始形式再次被使用，也就是说，这些数据不能被屏蔽，那么是时候开始加密了，如果该数据在任何方面都有价值的话。让我惊讶的是，居然有这么多人费尽心机地对数据库和实时系统中的数据进行适当加密，然后又随意地将它们用明文的形式写入日志。

什么样的数据可能需要在日志中保密？在这里提供一个详细的列表是不可能的，但个人的详细信息，如个人的全名、地址、座机号码、手机号码和电子邮件地址，会是一个好的开始。就你的情况而言，支付金额、支付地点和其他支付细节也应该保密，因为这会使你的日志成为试图挖掘你公司财务数据的人的目标。你可能会问："那还剩下什么？"我不得不说，在金融系统中，可能不会有很多，但我肯定有一些用于调试的数据，可能可以用明文的形式记入日志。例如，生成条目的时间可能不是秘密。

现在，你已经消除了所有无关的数据，尽可能地屏蔽了一些内容，并且很可能对其余的大部分进行了加密，接下来你必须确保日志本身是安全的，不会被篡改。为了防止日志被篡改，你需要做两件事，分别使用不同的密钥对条目和日志进行签名。对条目进行签名以确保它们的有效性，对整个日志进行签名以确保没有人手动添加或删除条目。使用两个不同的密钥的原因是，由两个不同的人去保存这些密钥，这样只有两个人相互勾结才有可能破坏系统的安全性。定期更换密钥也是一个好主意，这样如果密钥被盗，就可以最小化被暴露的数据量。

关于日志记录系统，还有许多其他内容需要讨论，例如数据存储在何处、如何跨网络移动数据、日志何时需要旋转，以及如何编写工具来分析和读取日志。我在这里给出的是创建一个日志系统的基础知识，希望通过这些知识，可以让你的用户隐私不受到侵犯，也让你的公司不会登上新闻头条。最后一个建议，不要把日志放在你车里的笔记本电脑上。明显吗？当然，这是显而易见的。

KV

3.14 Java

如果Java有真正的垃圾回收，大多数程序都会在执行时自己删除自己。

——Robert Sewell

在收到这封信和写回信之间的这段时间里，我很幸运，基本上避免了Java带来的灾难。你会发现，在这些文章中，我经常赞美每一种语言都有它最适合的领域这种观点，但这种态度并不意味着当我看到语言造成损害时，对它们没有意见。对我来说，Java最初是用在嵌入式系统中，在嵌入式系统中它被认为是"一次编写，到处运行"，这种观点几乎是可笑的，而且作为一个每天与嵌入式系统打交道的人，我可以说我很少遇到Java。Java已经脱离了它的创造者的初衷，它真的无处不在——服务器、浏览器，以及目前手机Android系统上运行的应用程序。在Android系统中使用Java现在意味着有一代程序员为了编写他们的应用程序而被迫使用这种语言，这种语言通常会导致人们按照下面的信件和回复中所说的那样来编写代码。唯一比Java是Android的一部分这一事实更糟糕的是，在20世纪90年代末和21世纪初，许多本科生被教授Java作为编程入门，这是一个真正令人费解的错误，因为尽管Java包含了当时软件工程中所有本应优秀的东西（类、对象、方法等），但它没有办法温和地向人们介绍这些概念。当你接触到Java系统中的任何东西时，所有的概念都像地狱之火一样倾泻而下。就语言教学而言，Java是我最不愿意强加给新学生的语言，但许多院系认为，行业希望程序员接受最新语言的培训，而不是让他们学习如何聪明地编程，以便能够使用任何语言。

正如你从我的评论中所看到的，自从KV第一次被问及这个伟大的创造并回复以来，我对Java的热爱与日俱增，Java也许有一天会像渡渡鸟一样消失，我对Java的热爱只会不断增长。人们记得渡渡鸟灭绝了，但他们并不总是记得渡渡鸟的灭绝是人类有意识的行动造成的。

亲爱的 KV：

你之前提到 Java 正在过时[⊖]。我看了一天 Java 的介绍，并读过一本关于它的书，但从来没有认真编写过任何 Java 代码。

作为一名管理员，我密切接触过许多 Java 服务器项目，它们似乎都存在一些共同的问题：

❑ 性能。大约只有 C 的十分之一。

❑ 复杂性。看起来又大又笨重。

❑ 编程速度慢。进度总是落后。

据我观察，Java 需要 GUI/IDE 才能高效编程——普通人无法时刻记住（随手可得）所有类及其 API。与 Perl（没有合适的 IDE）相比，我认为这并不是因为缺少有才能或有兴趣的人，而是因为没有驱动力。使用文本编辑器编写代码很简单，效率也很高。Perl 也不是一种适合大型项目的语言，也许 Perl 6 会适合。

是否有数据表明 Java 项目比旧语言的项目更成功或更不成功？它得到了强大的商业支持和大量的媒体曝光，并拥有帮助程序员和减少某些错误类的崇高目标……但作为专业程序员，我们使用锋利的工具，它们的危险正是因为它们有用。在我看来，Java 试图保护每个人不受"一级"程序员错误的影响的能力似乎非常有限。

我不断看到替代"遗留"应用程序的项目在大张旗鼓的宣传和巨额的预算中启动，宣称使用"最现代的技术"，但最终被取消或只有部分实现。

我遗漏了什么吗？

Run Down With Java（被 Java 击垮）

亲爱的 Run Down：

上过一门 Java 课程，读过一本书之后，实际上你在 Java 浪潮上已经领先于以前的 KV 了。大部分情况下，我仍在使用 C、Python 和 PHP。鉴于你的评论，也许我很幸运，但不知何故我对此表示怀疑：因为我很少走运。

在某种程度上，我几乎可以不加评论地转载你的信，但我认为你提出了一些更大的问题，我真的不能不发表评论。

作为 KV 的读者，你可能已经意识到我很少抨击语言或对它们进行比较，即使在本文中，我也将坚持我的风格。我不认为你所看到的大多数问题来自 Java 本身，而

⊖　George V. Neville-Neil: Gettin'Your Kode On, in: ACM *Queue*, Feb. 2006.

是来自它的使用方式，以及目前软件行业的工作方式。

我接触过的最接近 Java 的一个项目是用 C 语言构建一些底层代码，这些代码将由 Java 应用程序管理。当时有两个团队，一个用 C 编写系统，这个系统可以独立于 Java 管理应用程序运行，另一个用 Java 编写管理应用程序。现在，你可能会认为 Java 团队和 C 团队会定期会面，并交换数据和设计文档，以便构建最有效的 API 集合，从而高效地管理底层代码。这样的话你就错了。这些团队几乎是独立工作的，大多数交互都是灾难性的。造成这种情况的原因有很多，其中一些是传统的管理问题，但这种"沟通失败"的真正原因是，两个团队处于两个不同的世界，没有人想在他们之间连接一根电话线。

Java 团队成员都进入了抽象阶段，他们的 API 是糖和语法的美丽创造，在阳光下闪闪发光，让每个人都惊叹地注视着。问题在于，他们不了解与之交互的底层代码，更不知道数据类型和结构布局是什么。他们对他们所谓的管理应用程序要管理的东西没有深刻的认识。他们做出了宏大的假设，但往往是错误的，当他们运行自己的代码时，代码运行缓慢，漏洞百出，经常崩溃。

C 团队的成员也并不都是完美的。他们对 Java 团队有一定程度的傲慢，我知道这令人震惊。尽管双方之间的信息没有隐藏，但如果 C 工程师认为其中一名 Java 工程师没有"理解"，他们就会举手离开。C 团队确实生产了可工作的代码，并交付使用，工作得很好，没有失败。问题在于，该公司的目标是构建一套可以由单个应用程序管理的集成产品。虽然 C 团队赢得了战斗，但公司输掉了战争。

有些人在看到交付的代码时可能会想："好吧，这些 Java 程序员不能胜任这个任务，下次请更好的程序员，或者使用更好的工具，或者……"事实上，这并不是真正的问题。问题不在于 Java，而在于构建系统的人可以生成很多行代码，但不了解他们在构建什么。

我已经见过这个问题很多次了。项目的计划常常看起来就像 Judy Garland 和 Mickey Rooney 的老音乐剧中的一些台词。一个角色对另一个说，"嘿，孩子们，我们来表演吧！"它在电影中总是奏效，但作为一个项目计划，它很少能让人们从此过上幸福的生活。

为了构建复杂的东西，你必须理解你正在构建的是什么。你提到的遗留应用程序是另一个很好的例子。有没有见过一家公司转换一个遗留应用程序？我希望你没有，这件事并不有趣。遗留应用程序的转换是指：有一个正在运行的应用程序，它正在执行某些东西。你可能有它的源代码，也可能没有。别笑，我见过这样的。当遗留程序运行时，大多数时候它会做它应该做的事情。接下来，团队开始尝试分析程序的功能，然后重新生成程序，同时兼容原有的 bug，但又发现他们的现代技术没有以正确的方式复制相同的 bug，因此造成了程序有时可以工作有时又不能工作，然后通常会放弃并从头开始重新实现它之前的功能。

这样的悲剧会继续发生的原因之一是，与现实世界中的任何工程学科（比如航空工程或土木工程）不同，这里的失败"只是"意味着金钱的损失。当我说"只是"的时候，也可能是很大的"只是"。美国国税局（Internal Revenue Service，IRS）计算机系统的检修超支数百万美元，加州机动车辆管理局（Department of Motor Vehicles）开发的系统也是如此。类似这种失败的项目还有很多很多。这些项目可能会成为一时的头条新闻，但它们还不至于像塔科马海峡大桥倒塌或者航天飞机两次爆炸那样严重。人们通常记得挑战者号航天飞机爆炸时他们在哪里，但不记得当他们听说 IRS 计算机超支时他们在哪里。

随着越来越多的计算机和软件被投入关键任务系统，这种态度可能会随着时间的推移而改变。不幸的是，在人们投入更多的时间来规划他们的工作，弄清楚他们的代码实际上要做什么之前，可能还需要一些更惊人的失败。一旦我们做到这一点，那么我们使用 Java 或 Perl 或其他热门语言造成的影响就会小得多，而且经受的讨论也会少很多。

KV

3.15　安全 P2P

下面的文章真的让我记忆犹新，回想起当年与今天看待区块链一样看待点对点（P2P）系统的时候。那是 Napster 的时代，在不太依赖中央服务器的情况下，从一台计算机到另一台计算机交换受版权保护的材料。如今，有很多系统以点对点的方式运作，它们的合法性和正当性是毋庸置疑的。事实是，点对点系统仍在被用来交换数据，这让戴着老鼠耳帽的律师很恼火，但这些用途现在已经被其他被认为更不错的或至少得到风投资金支持的应用所取代。

当我们不可避免地陷入谈论偏离法律的话题时，就像程序员经常说的那样，我不是律师，这里的回复很快就变成了关于安全文件共享的讨论，这甚至可以是一些关于保护分布式系统的不合理想法的开始，因为从技术角度来看，P2P 系统就是这样。这些系统尽可能不依赖于集中式基础设施来实现其目标，而是将工作分散到一组客户端中，每个客户端根据其能力完成工作，并根据其需求向每个客户端提供服务。

亲爱的 KV：

我刚开始做一个关于 P2P 软件的项目，我有几个问题。现在，我知道你在想什么，不，这不是一段侵犯版权的牛仔代码，它是一个不错的公司应用程序，供人们用来交换文件、图纸和工作相关信息等数据。

这个项目最大的问题是安全性，比如不小心暴露了用户的数据，或者让它们暴露在病毒面前。肯定还有更多的事情需要担心，但这是排名前两位的。

我想问，KV 会怎么做？

Unclear Peer（迷茫的同行）

亲爱的 UP：

KV 会跑（而不是走路）到最近的酒吧找律师。你总能在酒吧里找到律师，至少我是这样，他们是唯一比我喝得更快的那类人。

那么，让我们假设你的公司有律师来保护自己免受常规的指控，即提供一个人们可以交换材料的系统，但也许某些其他也有律师的人认为交换材料是错误的。还有什么事情需要担心？还有很多。

所有文件共享系统的关键在于它们遵循哪种类型的发布／订阅范式，无论它们是点对点的、客户端／服务器的，还是你所拥有的。系统使用的发布／订阅模型定义了用户共享数据的方式。

这些模型的风险从低到高各有不同。高风险模型的一个示例是应用程序尝试共享尽可能多的数据，例如默认设置为与所有人共享磁盘上的所有数据。想笑就笑，但当你发现很多公司都构建了这样的系统或者接近于如此宽容的系统时，你会哭。以下是构建低风险点对点文件共享系统的一些建议。

第一，所有这类软件的默认模式都应该是拒绝访问。安装软件后，任何人都不应该马上就可以获得任何新文件。有几种软件不遵守这一简单规则，因此当一个邪恶的人想要从某人那里窃取数据时，他们会诱骗他们下载并安装这种文件共享软件，这通常被称为"安装触发的攻击"。然后，攻击者可以自由访问某人的计算机，或者至少可以访问他们的"我的文档"或类似文件夹。

第二，共享文件的人，也就是共享者，应该对数据拥有最大的控制权。连接到共享者计算机的人应该只能看到和复制共享者希望他们看到和复制的文件。在风险较低的系统中，数据共享有一个超时时间，请求者只能在某个时间（比如 24 小时）之内获得数据，否则数据将不再可用。这种超时设置可以通过让共享者的计算机生成一个一次性使用的令牌来实现，这个令牌包含请求者的计算机为获得特定文件而必须提供的超时配置。

第三，系统应该缓慢开放访问。虽然我们不希望用户必须对所有事情都说"OK"，因为最终他们会不假思索地单击 OK，但你确实希望系统需要用户干预才能提供更多访问权限。

第四，文件不应该存储在已知的默认位置或容易猜到的位置。共享一个众所周知的文件夹，比如"我的文档"，已经给很多人带来了麻烦。存储下载文件和共享文件的最佳方法是让文件共享应用程序在文件系统中的已知位置创建和跟踪随机命名的文件夹。选择一个长度合理的字母和数字组合的随机字符串作为文件夹名称是一个好的做法。为什么要费心创建难以获知的文件夹名称呢？因为它使病毒和恶意软件作者更难知道去哪里窃取重要信息。如果文件名和路径是众所周知的，那么从计算机窃取数据就容易得多。

第五，也是这封信的最后一点，共享应该是一对一的而不是一对多的。有许多系统一对多地共享数据，包括大多数文件交换应用程序，这样任何可以找到你的机器的人都可以获得你要共享的数据。全局共享应该是用户的最后一个选择，而不是第一选择。第一选择应该针对单个人，第二选择针对一群人，最后才针对所有人。

你可能会注意到，其中许多建议与最近几年创建的一些更著名的文件共享、点对点系统存在直接冲突。冲突的原因是我一直在尝试向你展示一个系统，该系统允许在共享数据时进行数据保护。如果你想创建一个像 Napster 或其错误的仿照者一样开放、危险的应用程序，那就不用参考了，但从你的信中来看，这不是你想要的。

你必须考虑的其他事情包括应用程序本身的安全性。一个旨在从其他计算机获取文件的程序是病毒编写者攻击的完美载体。如果编写一个程序，使其在传输后立即执行或显示文件，而不事先询问用户，那将是不明智的，事实上，这将是极其愚蠢的。

另一个开放的研究领域，我的意思是，一个我不想在这里讨论的让我头疼的问题，就是认证系统本身。除了我刚才给出的所有建议之外，这个问题本身就相当棘手。我怎么知道你是你？你怎么知道我就是我？也许我就是那只海象……

KV

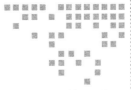

第 4 章 *Chapter 4*

机器对机器

分布式系统很难。

——Jonathan Anderson

在我写"Kode Vicious"的这段时间里，分布式系统是我遇到的所有技术问题中最让我感兴趣的，可能是因为它们极难被控制，而且很难被正确处理。经过几十年的研究，人们已经取得了许多有效成果，如 Lamport 算法、PAXOS 算法等，但总的来说，这一计算领域对于许多人来说仍然是一门黑暗艺术，最简单的概念往往就足以让人困惑不已。

大多数程序员都误认为，他们永远无须进行网络协议的设计，只有那些在标准委员会工作的少数人才热衷于这种设计工作。事实上，所有编写网络应用代码的人都是在定义网络协议。网络协议的设计过程本身就可以写一本书。然而，关于网络的最好书籍，包括已故理查德·史蒂文斯（Richard Stevens）的著作在内，更多的是在谈论协议编写之后的事情，而不是谈论协议最初是如何编写的。目前，了解网络协议的编写最好的方法是参考一些 IETF 草案、参加 IETF 会议，以及正如他们所说的——观察香肠的制作过程。不幸的是，这很耗时，而且自己以个人名义参加会议也比较昂贵。你会发现，大多数关于网络的课程都是在描述现有的网络协议和系统，而不是它们是如何形成的。如果你想学习如何编写自己的协议，即使它"只是我正在使用的原型，永远不会在生产中使用"，那你也只能靠自己了。

本章收录的信件涵盖了机器对机器通信的几个实用主题，希望对于开发、部署或仅处理网络和分布式系统的人来说，都是一份有用的指南。

4.1　踩到脚趾

她认为自己不会跳华尔兹，但还是想试一试。

——The Mikado

所有资源都是有限的，包括我们在软件和系统中创建的虚拟资源。对于联网系统来说，程序可以与之通信的端口数是其最宝贵的资源之一。端口数量受协议设计的限制，由协议设计者决定用多少位来描述一个端口，一旦这个值确定，就只有更新协议本身才能改变这个位数。传输控制协议（TCP）就是一个很好的例子，该协议中使用 16 位表示 65 536 个端口，并且这个数目似乎不太可能增加，因为在最新的 IPv6 协议中，该位数保持不变。对人类来说，65 536 这个数字似乎相当大，但对于计算机或程序员来说，我们知道这个数字在现代系统中是很小的，并且由于在网络应用中，为了便于通信，我们经常不得不预留一些端口，所以随着协议的设计、发布，65 536 这个数字很快就被消耗殆尽了。破坏联网系统的一个好办法就是超额分配端口，正如我们将在下一封信中看到的那样。

亲爱的 KV：

我在做一个私人项目，该项目需要创建一个新的网络协议。出于好奇，我曾尝试去了解为该项目获取一个官方授权的端口号需要做哪些事情，然后发现这项工作可能需要花费我一年的时间，并意味着我要与 IETF（互联网工程任务组）进行大量的沟通交流。虽然我知道做这事不像在网页上点击个东西那么简单，但一年的时间也太长了，而且这些工作根本不是项目的主要部分，看起来就是在分散我的注意力。现在，我采用了一个随机的端口号，我知道它与我网络上的所有东西（如 UDP 或 TCP）都不会产生冲突，目前看起来一切正常，没出现问题。我真正想问的是，为什么会有人费尽心思去与 IETF 交涉，难道他们是一家可以把时间浪费在电子邮件上的公司，只是为了获得一个被合理分配的端口号？

Waiting（等待）

亲爱的 Waiting：

　　首先，我要赞扬你，事实上，你已经知道何为正确的事。（我敢肯定许多读者看到这里会把咖啡喷到屏幕上，因为没有人能记得我上次在本专栏中赞扬一位来信者是什么时候的事了。）我赞扬你，是因为最近我就遇到了这样一个人，他知道正确的事情是什么，然而却在行动上做了完全相反的事情。

　　由于最初设计互联网时的一些假设，IPv4 数据包报头的某些部分变得比其他部分更为珍贵，虽然 32 位网络地址的局限性已得到了最大程度的关注，但实际上 8 位协议字段同样重要，甚至更为重要。使用 8 位字段，我们就只能在 IPv4 之上分层出 255 个可能的协议，这看起来似乎很多，且因为大多数人假设所有 IP 数据包都只传输 TCP 协议 6，所以认为空间足够大。但结果表明，超过一半的数字已经用于了某些协议，只剩下 109 个可提供给新协议的创建者使用。另一个问题是，IPv6，作为互联网名义上的救世主，虽然拥有更广泛的网络地址，但仍然使用的是 8 位协议字段，因此我们不会在短期内获得更多的空间。

　　协议字段可以视为互联网的公用资源，接下来让我告诉你一个悲剧，一个本不会发生的悲剧。这是一个傲慢和狂热的故事，并且毫不奇怪，它涉及企业和开源之间的冲突。

　　在 20 世纪 90 年代末的某个时候，一些企业聚集在一起提出了一个协议，该协议将在 IETF 的支持下标准化。该协议所做的事情并不是特别重要，它被称为 VRRP（虚拟路由器冗余协议），其作用是让两个或多个路由器可以在故障转移场景中充当对等方。如果一个路由器发生故障，另一个路由器会通过协议中描述的方法发现这一点，并接管故障路由器的工作。该标准发布后，思科和 IBM 两家企业都声称拥有该协议中一部分功能的专利。思科在 RAND（合理与非歧视）许可下发布了其声称的知识产权。在非法律术语中，这意味着人们可以使用 VRRP，而不会被思科索取昂贵的费用。RAND 许可经常被用于软件标准化过程。

　　不幸的是，开源社区中有一部分人在其他人没有按照他们希望的方式行事时，他们便不能很好地合作。对于那些没有与这类人打过交道的人来说，可能会觉得就像在和一个四岁的孩子说话一样。当你向你的侄女解释跳棋的规则时，她可能会觉得她不喜欢你的规则，并遵循她自己的规则来下棋。你虽然会取笑她，但会认为她很有创造力。面对一个四岁的孩子时，这件事是非常有趣的，但如果你和一个同事下国际象棋，他突然告诉你国王可以一次移动一个、两个或三个位置，你会生气，因为这个人显然是在和你作对，或者是疯了。

我疯了吗？！这与 VRRP 或网络协议有什么关系？

OpenBSD 团队认为 RAND 许可对他们来说还是不够自由的。他们编写了自己的协议，该协议与 VRRP 完全不兼容。嗯，你会说，这还不算太糟糕。这就是竞争，我们都知道竞争是好的，会带来更好的产品。但这个故事还有最后一个小麻烦。新协议被称为 CARP（公共地址冗余协议），它使用了与 VRRP 完全相同的 IP 号码（112）。大多数人，包括 KV 本人在内，都认为这是一个愚蠢的举动。"他们为什么要这样做？"我听到了你的问题。事实证明，他们认为自己与那些开源的对立者处于战争之中。在他们看来，使用同一协议号就是对敌人的一次打击，这一切都是为了利益。这使得在同一网络中同时使用这两种协议来操作设备变得很困难，而且对实现该协议的软件进行调试变得几乎不可能。

最后，就像你四岁的侄女沮丧地结束跳棋游戏时会发生的事情一样。她哭着跑开了，剩下你来收拾残局。现在我们中的一些人不得不接受这个协议，并去获得一个合理的端口号，才能处理那些仍然使用不兼容的旧协议的遗留设备。

现在我想你应该明白我为什么要赞扬你了。在公共领域做正确的事情对所有人都有好处。谢谢你！

KV

4.2　匮乏的端口

钟下见。

——纽约中央火车站的会面指示

端口是所有联网系统的会合点，正如我们在 4.1 节中看到的，端口是一种有限的资源。既然是有限的资源，就需要我们开发一些技巧，从而能在应用程序中节省资源，而我们接下来要说的就是其中一部分技巧。

亲爱的 KV：

我一直在调试一段简单的网络代码中的一个网络问题。我们有一个小型服务器进程，它侦听来自数据中心所有其他系统的指令，然后将这些指令分发给其他服务器执行。对于发出的每个指令，客户端会建立一个新的 TCP 连接，发送该命令，然后在服务器确认接收该指令后关闭连接。

在我们最初的数据中心，控制器没有出现过问题，但后来我们转移到一个更大的数据中心，拥有了更多的客户端机器。现在，我们经常在执行指令时发现无法建立连接，从而导致整个系统的速度降低。这就是一个非常简单的设计，我不觉得会出什么问题。控制器本身只有一页代码！我怀疑新数据中心的网络设备是罪魁祸首，因为它无法处理传入连接负载。

Connection Denied（拒绝连接）

亲爱的 Denied：

只有一页代码却找不到 bug？也许代码并没有 bug，而是转换出了问题。当然，这是开发人员常玩的抱怨游戏："我的代码以前是有效的！一定是你改变了什么！"他们将问题归咎于改变。

但问题是，你必须归咎于正确的改变。没有什么比对某人发脾气，然后被证明是错的，并且不得不承认自己错了更糟糕的了。我希望你没有对网络管理员发脾气，因为在这种情况下你肯定错了。

现在我不打算攻击你的代码，它很可能就像你所说的那样是正确的。这里的问题在于你未能理解 TCP，没有了解如何有效地使用它。

当你的客户端与服务器建立连接时，它通过四元组在这两台主机之间发生的所有连接中唯一地标识出该连接。这个四元组是（源 IP 地址、源端口号、目标 IP 地址、目标端口号）。现在，我确信你的代码选择了一个要发送到的目标端口。例如，Web 使用 80 端口，电子邮件使用 25 端口。不管你选了哪个端口，这都可能不是问题。

对于剩余的源端口，你会选择什么呢？大多数代码都是让操作系统来决定的，这些很简单且只有一页的代码肯定也是一样。当你让操作系统决定源端口时，它会选择所谓的临时端口。注意，在字典中，临时的意思是"持续很短的时间"，当然，短只是在旁观者的眼中，或者在本例的 TCP 计时器代码中。每当 TCP 关闭连接时，连接状态在操作系统中还是活跃的，即保持所谓的 TIME_WAIT 状态。TIME_WAIT 状态的持续时间至少是连接的报文最大生存时间的两倍，但在数据中心，此状态的持续时间永远不会少于 60s，这是系统定义的 2MSL（报文最大生存时间的两倍）的最小值。

好了，现在你知道，在你的例子中，短意味着一分钟，这就是一个 closed 套接字能保持的时间。当 closed 套接字存在时，操作系统选取的临时端口号不能被重用。你可能会想，这应该没问题，因为肯定会有大量可用的端口号。不幸的是，TCP 在机器之间有数百万个连接的想法根本不切实际，端口的数量甚至可能少到会让你感到吃惊：只有 65 536 个。临时端口甚至无法从可用端口的完整集合中获取，而只能从一个子集中获取，在大多数现代操作系统上，临时端口的数量约为 16 384 个。

这一限制意味着你使用临时端口只能打开 16 384 个连接，除非你修改操作系统中的某些调优变量。即使你真的增加了这个范围，比如说到了 32 768 个，现代计算机也很容易在一分钟内就达到这个连接数，记住，你关闭的任何连接都会在关闭后挂起一分钟。你的这个 bug 直到现在才出现的原因是，你已经将系统扩展到了一个临界点，即它们能够在一分钟内用完临时端口。

或许你现在可能对扩展 TCP 或更改 2MSL 的最小值产生了很多疯狂的想法，但我可以告诉你，请将它们抛诸脑后吧。TCP 的设计目标是维护互联网上的长连接，而不是某种短消息服务。建立和断开 TCP 连接的开销应该已经清楚地表明，需要一次传输多个字节才能有效地使用 TCP，这是 HTTP 的早期设计人员没有学到的教训，但这已是另一个时代的故事了。

在你的这种情况下，使用 TCP 的正确方法是，在每个客户端上都创建一个本地进程，该进程保持与中央服务器的持久连接。假如没有这些恒定的 `opening` 和 `closing` 套接字，你将无法循环使用临时端口，并将最终耗尽这些宝贵的资源。

KV

4.3 协议设计

接收需多变，发送要保守。

——Jon Postel

在创建一个网络协议之前，需要知道哪些事情？也许写得最有说服力的人是 Jon Postel，他帮助设计和构建了现代互联网，并提出了著名的伯斯塔尔法则，也就是本节开头提到的，但之后出于安全考虑，该法则被推翻了，不过对于网络研究来说，这个法则在当时是完全正确的建议[一]。Jon 曾担任 Requests for Comment（RFC）的编辑多年，RFC 文件定义了通用互联网协议，不仅包括 TCP 和 IP，还包括数百个其他相关协议以及关于如何使用这些协议的建议。

以下回复中的一些建议比 KV 原始回复中的那些更值得探讨，特别是关于字段分组和对齐的建议。在某些 CPU 体系结构上，尤其是 Intel 的体系结构上，不将字段与字边界对齐（32 位处理器上为 32 位，64 位处理器上为 64 位，等等）的唯一缺点是不对齐的读写比对齐的读写需要更多的指令周期，从而会导致性能降低。对于那些在非 Intel 体系结构上工作的人来说，这样做可能会带来一个错误，导致系统中断，甚至完全停止。在网络世界中，典型的例子是非常底层的，就在以太网中。以太网报文头中有一个 6 字节的源地址和一个 6 字节的目标地址，后面跟一个 2 字节的协议字段。在数据包接收时，底层软件将以太网报文头之后的数据包解封，并将其上传到更高层以便进一步处理。如果以太网报文头在内存中与字对齐，则随后的报文就不会对齐。这是因为从头对齐共有 14 字节，距离最近的对齐点还有 2 字节。读取下一个数据包头将导致许多芯片体系结构出现故障，因为它们禁止不对齐的读取。虽然这看起来应该是个小问题，但在过去的 40 年里，它几乎伤害了从事嵌入式系统

[一] Eric Allman: The Robustness Principle Reconsidered, in: Commun. ACM 54.8 (Aug. 2011), 40–45,URL: https://doi.org/10.1145/1978542.1978557。

工作的每一位程序员。虽然通过内存缓冲区的偏移和其他的手段，这个问题可以且已经被解决过很多次了，但是人们仍需要记住协议中的字段偏移可能对软件产生的影响。不太严重但更普遍的一点是，不对齐的读写操作会降低系统性能，这也是不容忽视的。随着高端系统都迁移到 64 位体系结构，问题只会变得更加复杂，这意味着对齐更加困难，所以将多个子字段组合到一个 64 位字中具有显著的性能优势。

　　一封信和简短的回复无法完整地阐述整个主题，但事情总要有个开头，就让我们从这里开始吧。

亲爱的 KV：

　　在一个分布式系统项目中，我卷入了一场有趣的争论。我的项目中有一个人坚持认为，我们在新的轻量级升级系统中发送的所有数据都要编码为类型 / 长度 / 值这种格式，而不仅仅是类型 / 值。我们已经有类型了，我不明白为什么长度很重要。我们总能从数据中推断出一个长度。

　　该协议需要尽可能轻量化，因为它可能要通过短信传输到手机，也可能要通过更强大的网络（如互联网）传输。

　　你认为长度真的必须包括在内吗？

Wondering about the Value of Length（疑惑于长度的作用）

亲爱的 Wondering：

　　有意思的是，这么多有趣的争论都有一个无趣的结论。事实上，最有趣的是，你说互联网很强大，但我认为要暂且把这个放在一边。

　　网络协议和协议设计是 KV 最关心的问题。我不会只讨论长度的重要性，我将扩大我的回答范围，并为你提供 KV 的五大网络协议设计建议。

　　始终对长度进行编码。既然你询问了类型 / 值与类型 / 长度 / 值编码的区别，那我就从这里开始。在数据包或其他类型的编码中省略长度会导致出现缓冲区溢出灾难。如果从链路上读取数据包或数据的程序不能以一种简单的方式计算出将要读取多少数据，这必然导致人们在编写代码时，需要试图去猜测将读取的数据量，而必须去猜测这件事情是不好的，非常不好的。不恰当的猜测通常会导致缓冲区溢出，鉴于我们正在讨论网络协议，缓冲区溢出可能会被远程利用。恭喜你，你的新协议现在是互联网的新替罪羊，因为一个接一个的脚本小子会编写微小的安全漏洞，毁坏你所构建的东西。

给协议加上版本号。那些认为"这是一次性的"的人需要被解雇，或需要被礼貌地从项目中踢出。软件中很少有这种一次性的东西。你需要像对待软件一样来设计和构建协议，以便能够对其进行升级。如果没有给协议编上版本号，你就不可能在无猜测的情况下升级它，再次强调，猜测是不好的。

对齐字段。正如我的一位老朋友所说，在"恐龙还在地球上游荡"的过去，尽可能把每个比特都塞进一个包里是非常重要的。因此，协议的设计通常不考虑数据对齐。接收数据包的程序必须读取整个 8 位、16 位或 32 位的实体，然后通过已得到的值来进行位操作，以便得到它真正需要的一两位。尽管目前这种相反的趋势（目前人们设计的协议似乎在有意浪费带宽）也存在问题，但我们需要在两者之间取得平衡，这种平衡应该有利于字节对齐的字段。当协议设计人员决定向他们的数据包添加标识时，对齐问题最常出现，这就把我们带到……

将标识分组。据我所知，几乎所有的网络协议都有一些用作通信的标识（即单个信息位）。将标识分组在一起，以便更容易地进行字节对齐（请参见第 3 项）。

留出空间。设计一个只能使用一次的协议会带来更多的工作，如果在最初设计协议时留下一点点扩展空间，就能省去这些工作。在发布版本 1.0 之前，每个协议设计者都应该考虑两件事：预留几个额外的标识位，以及让协议具备数据包扩展的能力。最后这个建议并不是浪费空间的一种借口，而是呼吁大家多思考下未来会发生什么，而这个未来很可能就在下周。

显然，这个建议列表可以更长，甚至可以扩展成一本书，但我只列出了前五大点。如果你能做到这些，那你的协议可能会大受欢迎，每个人都会要求你"再做一次"！这岂不是很有趣？

KV

4.4 第一个来的

我并没有你想的那么神志恍惚。

——古老的大学格言

一旦你花了足够多的时间研究网络协议，你就会意识到其中一些协议大概率是由著名的网络架构师 Abbott 和 Costello 设计的。从他们早期的设计讨论中我们可以看出，Abbott 和 Costello 对网络协议有着非常深入的了解，以下是他们的讨论场景：

Costello：Abbott，你看，我们必须让这些数据包在这些主机之间传输，但是它们很难被区分。你觉得我们应该给它们起个名字还是什么？

Abbott：它们已经有名字了。

Costello：它们有名字了？太棒了！把名字告诉我吧。

Abbott：第一个来的，第二个来的，我不知道的那个第三个来的。

Costello：我就是想知道它们的名字。

Abbott：我说了，第一个来的，第二个来的，我不知道的那个第三个来的。

Costello：你是协议设计者吗？

Abbott：是的。

Costello：那你不知道数据包的顺序？

Abbott：我知道，第一个来的，第二个来的，我不知道的那个第三个来的。

Costello：那告诉我第一个来的。

Abbott：好的。

虽然我们没有给出网络数据包的名称，但我们确实给了它们序列号，而且期望在接收到它们时，有可能将它们全部按正确的顺序排列。在任何一层漏掉序列号都是一个很大的错误，这将在接下来的这封信中介绍。

亲爱的 KV：

为什么一些现代网络协议没有序列号？我想，现在所有的协议设计者都该意识到在每个包中加入一个简单的序列号可以帮助人们调试他们的网络配置。

Out of Sequence（乱序）

亲爱的 OoS：

你的问题有点类似于：多年以来，尽管安全带这种特定技术已经被证实可以拯救生命，但为什么还是有人一直坚持不系安全带？

人们似乎都存在侥幸心理，认为只要他们在各方面都小心翼翼，就不会出问题。他们认为坏事都只会发生在他人的协议或数据包上，而不是自己的。希望永远存在，现实却如寒冷冬日般残酷。

我想提出两点来回应你对网络协议设计的理性诉求。首先，不仅仅是序列号很重要，序列号的使用方式也很重要。以 TCP 中的序列号为例，它统计了两个端点之间已通信的字节数。在当初设计 TCP 时，通用的最快网络是 10Mbit/s 的以太网 LAN。注意，这里是 M 而不是 G。以 10Mbit/s 的速度传输 2^{32} 字节的数据大约需要 3400s，也就是将近 1h，这对计算机来说是一个相当长的时间。而在目前能找到的 10Gbit/s 的硬件上，传输相同的数据只需要 3.4s，这意味着序列空间大约每 4s 就会滚动一次。如果数据包丢失超过 4s，就会有一定概率发生数据被覆盖的情况。未来，随着更快的硬件投入使用，序列空间滚动的时间将下降到 0.3s。

这并不是说 TCP 设计得很糟糕（至少它有一个序列号），但对于现代协议的设计者来说，在选择序列号时，理解未来的验证与空间的权衡是很重要的。如果在某个时候 TCP 被扩展，那么序列号可能会增加到 64 位，即使在 100Gbit/s 的速度下，也需要 46 年的时间来滚动该数字。任何在网络中丢失了那么长时间的数据包都将完全消失。当你选择一个序列号时，想想你想要保护什么。TCP 协议可以保护所有字节在传输时不会丢失或重新被排序。对于其他协议，可能需要对整个消息进行计数，以便接收方可以确认数据包 A 在数据包 B 之前到达，而不必关心消息中的每个字节。

我想说的第二点是，时间戳并不是好的序列号。虽然人们普遍认为时间总是在向前移动，但在计算中，情况往往并非如此。在计算机上处理时间时会出现许多 bug，其中关键的一点是不同计算机上的时钟通常以不同的速度前进。这就是为什么我们有诸如 NTP（网络时间协议）和 PTP（精确时间协议）这样的协议来控制我们的计算机时钟。唉，计算机不喜欢被约束，即使是根据某个时间协议运行时，两台计算机上的时钟也总是相互偏移，因此时间协议并不能解决这个问题。撇开计算机计时这一令人费解的相对论问题不谈，相信我，你真的想撇开这些问题不谈，事实也仍然是，将计算机上的时间用作数据包序列号是有问题的。相比于去确保接收到的时间戳是严格递增的，使用递增计数器更容易、更快，也更不容易出错。对于数据包排序问题，越简单越好，计数器就是较简单的解决方案。

对于那些设计或希望设计网络协议的人来说，请不要对序列号吝啬。你今天省去的字节明天就会让你吃尽苦头。

KV

4.5　网络调试

你试过重启吗？

——数不胜数

在多数情况下，大部分学会编程的人只学会了如何在他们面前的屏幕上调试自己的本地代码，尽管现在多数系统都在以某种形式使用网络，比如显式地连接远程设备来完成工作，或者隐式地在云端运行。

习惯于使用集成开发环境，甚至是使用功能一般的调试器的程序员，会对那些用来调试网络代码的工具感到震惊。其中最著名的工具 wireshark 就是一个奇迹，它一心致力于显示任何已知的网络协议上的信息，甚至是一些很少使用的网络协议。在对下一封信的回复中，我引用了该工具及对应的 tcpdump 命令行工具。尽管 wireshark 是一个奇迹，但坦率地说，这并不是我们调试分布式系统的最佳工具。程序员习惯在程序中设置断点，评估程序变量的状态，甚至在程序执行时对不同的条件进行干预。在二十到三十年前，对于网络协议，很少有（如果有的话）通用的工具可以达到调试器的水平。人们调试网络问题的典型方式是收集尽可能多的网络数据，然后尝试用 wireshark 或类似工具对数据进行筛选，跟踪数据包的轨迹直到出现"啊哈"的瞬间。此外，很少有参考文献解释如何调试网络问题，部分原因是非常多的地方都可能出现网络问题。问题可能发生在任何一层，从硬件到网络接口，到运行网络接口的驱动程序，到驱动程序之上的网络协议，到网络协议之上的传输协议，再到传输协议之上的应用程序。大多数人倾向于优先看他们最了解的领域，因此，如果你是一名应用程序开发人员，你会先看你的应用程序，如果找不到问题，你会把责任归咎于在你之下的任意一层。

调试分布式系统的另一个复杂问题是，网络往往容易出现局部故障，这通常表现为吞吐量降低或莫名的延迟增加。在大多数软件中，系统将执行失败并停止。在大多数系统上，如果你的程序引用了空指针，那么操作系统将终止你的程序，并显示一条关于段错误的报错消息。网络协议则可能会将其他数据包丢弃掉，并期望其他层会为我们解决问题。丢弃数据包的主机或路由器可能在数千英里[⊖]之外，不在我们的控制之下，因此我们永远不知道是哪个设备导致性能不佳的，我们只会看到在连接的端点丢失了很多数据包。

在非常高端的分布式系统中，你正在调试的系统就像地球一样大，你对它几乎没有控制权，你只能通过一个钥匙孔来查看到底出了什么问题。设法将问题变得可控便是下面这封信的主题。

亲爱的 KV：

最近，我在邮件列表上发布了一个关于网络的问题，有人问我是否有 `tcpdump`。回答我（以及整个列表的人）的人似乎认为我在网络知识上的缺乏是对他的某种冒犯。他的回答几乎是一种人身攻击：如果我不能自己动手做最基本的调试，那我就不应该期望从列表中得到太多帮助。除了人身攻击之外，他这样做有什么意义？

Dumped

亲爱的 Dumped：

我一直认为很有趣的是，当人们在学校学习计算机编程或软件工程时，会学到如何使用构建工具（用来构建代码的编辑器，将代码转换成可执行文件的编译器），但很少会学到如何调试程序。调试器是功能强大的工具，一旦你学会使用调试器，你就会成为一个更有效率的程序员，因为有了它，你会发现在代码中放置 `printf()` 或其他同类的东西来查找 bug 是一种令人厌烦的方式。在许多情况下，尤其是在调试与时间相关的问题时，添加打印语句只会导致错误的结果。如果说在学校期间真正学习了如何调试程序的人数很少，那么学习了如何调试网络问题的人数就微乎其微了。事实上，我不知道有谁曾被直接教导过如何调试网络问题。

一些人（幸运的人）最终会被引导到你提到的 `tcpdump` 程序或者它的同类软件 `wireshark` 上，但我从未见过有人试图去教别人使用这些工具。`tcpdump` 和 `wireshark` 的优点之一是它们是跨平台的，能在类 UNIX 操作系统和 Windows 系

⊖ 1 英里≈1.609 千米。——编辑注

统上运行。其实，编写一个数据包捕获程序相当简单，只要你使用的操作系统允许你以足够低的级别插入网络代码或驱动程序来抓取数据包。

我们这些整天埋头研究网络问题的人最终学会了如何使用这些工具，有点像早期人类学会烹饪肉类一样。我们只能说，虽然烹饪出来的食物或许是可食用的，但它们没有获得任何米其林星级认证。

对网络工作者来说，使用数据包捕获工具有点像父母使用体温计。如果你小时候感到不舒服，你的父母中至少有一个会给你量体温。如果他们带你去看医生，医生也会给你量体温。我曾经因为脚踝骨折而量过体温（是的，这很疯狂，但那位医生的确给了我最好的治疗，所以我只是开心地笑了笑，让他开心一下）。撇开这一点不谈，在父母关于"我的孩子生病了吗"的检查清单上，测量孩子的体温是第一件事，可这与捕获数据包究竟有什么关系？

到目前为止，确定网络问题的最佳工具是 tcpdump。为什么呢？想必从数据包第一次通过原始的 ARPANET 传输以来到现在，四十多年里我们已经开发出了一些更好的工具。然而，事实是并没有。当网络上出现问题时，你当然希望能够在尽可能多的层上查看消息。

调试网络问题的另一个关键部分是了解问题发生的时间，好的数据包捕获程序也会记录这些时间。网络可能是任何复杂计算系统最不确定的组成部分。找出谁对谁做了什么、什么时候做了什么（这通常是在兄弟姐妹吵架之后，父母经常会问的另一个问题）是极其重要的。

所有网络协议，以及使用它们的程序，都有某种对其功能而言很重要的顺序。有消息丢失了吗？是否有两个或多个消息到达目的地的顺序出现了问题？所有这些问题都可以通过使用数据包嗅探器记录网络流量来解答，但前提是你要使用它！

一旦发现问题，马上将网络流量记录下来也很重要。由于其不确定性，网络会产生最严重的计时 bug。由于数据是在一个大的计数器中发生翻滚，这个 bug 可能会隔很多个小时才会出现一次。正因为可能需要隔一段时间才能复现这种情况，你真的会想在 bug 出现之前开始记录网络流量，而不是之后。

下面是一些关于使用数据包嗅探器来调试网络问题的基本建议。首先，获得许可（是的，这确实是 KV 给你的建议）。如果你记录了某些人的网络流量，如即时消息、电子邮件和银行交易，并将其发布到邮件列表中，那么会把这些人惹毛的。仅仅因为 IT 部门的某个人愚蠢到在你的计算机上赋予你 Root 或管理员权限，并不意味着你就可以把所有的东西都记录下来并发送出去。

接下来，尽可能多地记录下调试问题所需的信息。如果你是一名新手，你可能会让程序抓取每一个数据包，这样你就不会错过任何东西，但这有两个问题：第一个是前面提到的隐私问题；第二个是如果你记录了太多的数据，那么寻找 bug 就会像大海捞针一样，只是你从来没有见过这么大的海。在局域网上记录一小时的以太网流量可以捕获数亿个数据包。不管你有多么好的工具，如果你能缩小搜索范围，那它在发现 bug 方面就会做得更好。

如果你确实记录了大量数据，不要试图将其作为一个大数据块共享。看看这些点之间有何联系。大多数数据包捕获程序都有这样的选项："一旦捕获文件已满，请关闭它并启动一个新文件。"将文件大小限制在 1MB 是一个很好的开始。

最后，不要将捕获的数据存放在网络文件系统上。没有什么比让它们自己捕获自己更能破坏一整套数据包捕获文件。

这就是本文的要点：简要介绍如何捕获数据以调试网络问题。也许现在你会在邮件列表上被大喊大叫，但也不会比在打电话给医生之前没有测网络温度这事更可怕。

KV

4.6　延迟

使命必达。

——联邦快递广告

网络系统中最容易被误解的部分之一可能是延迟对性能和系统稳定性的影响。我想把这归咎于一个事实，即所有的网络连接都是基于可用带宽出售或推广的，但对于技术领域的人来说，这不应该成为借口。消息从 A 点到 B 点的耗时，是网络连接是否得到充分利用以及误选超时是否会导致出错的内在因素。我会一直牢记不同点之间的延迟规模，因为这会让调试出现故障的网络系统变得更容易。美国海军少将 Grace Murray Hopper 会随身携带一根传输时长为 1ns 的电线，这样她就可以向非技术人员解释这些延迟问题，但我认为我们需要记住更多。在一个安静、正常运行的网络上，延迟时间不到 1ms。如果你使用的是一个非常奢侈的 10Gbit/s 或更高速率的交换机，延迟可能会降低到接近几十微秒。一旦你开始四处移动，延迟将变得更加有趣。横跨整个北美的延迟约为 70ms。从硅谷到欧洲约为 150ms，到亚洲约为 110ms。从长远来看，记住这些粗略的数字，在调试延迟问题时它们会为你免去大量的麻烦。

亲爱的 KV：

我的公司有一个很大的数据库，里面有我们所有的客户信息。为提高本地性能，该数据库被复制到全球多个地点，这样当亚洲的客户想要查看他们的数据时，就不必等待数据从美国的公司总部发送过去。

几个月前，公司升级了软件，要求客户数据库中的所有记录也要更新。当我们对升级程序进行测试时，大量记录只需几分钟便可更新完成，但当我们对亚洲客户的信息进行更新时，进程必须在亚洲执行，而所需的数据来自美国，这时候更新的过程就变得很长。由于公司拥有一个极速网络来连接美国和亚洲办事处，因此大家不认为距离会造成影响。这里肯定还有别的原因导致程序运行要花费这么长的时间。

Baffled with Bandwidth（带宽困扰）

亲爱的 Baffled：

拥有一根大管道和知道如何使用它之间有很大的区别。网络中有两件事很重要：带宽和延迟。不幸的是，大多数人只考虑了前者，而没考虑后者。延迟是消息从点 A 到点 B（例如，客户端和服务器）所需的时间。如果让我猜的话，我会认为你在本地网络（可能是 100Mbit 以太网）上测试了数据转换程序，该网络的延迟通常小于 1ms。然后，你在非常快的网络上远程运行该程序，发现它运行得慢得多。

我打赌它的速度慢了 100 倍。我为什么挑了 100 这个数呢？

很简单，穿越太平洋的平均往返时间约为 100ms。你忘记了这个非常重要的常量，以及网络是如何工作的。

你所说的非常快的网络可能是基于 1bit/s 出售的，因此日本和美国之间可能有 1Gbit/s 的链路，但这是带宽的度量，而不是延迟的。在你的案例中，延迟才是最重要的。为什么呢？因为转换进程很可能一次只获取一条记录，将其打包，并向服务器发出请求，然后等待响应。

当底层网络的延迟非常低时（如本地网络），打包单个请求和等待响应的时间可以忽略不计。但是，如果移动到一个延迟更高的网络中，你的系统性能将被高网络延迟的铁蹄所碾压。

你忘了考虑光速。假设你在东京运行转换进程，它与加利福尼亚州的一个数据库进行对话。从东京到加利福尼亚大约有 5000 英里，光速约为每秒 186 000 英里，因此一束光正常应该能在 0.027s 内从东京到达加利福尼亚州。这两个点之间的绝对最快时间约为 27ms，往返时间约为 54ms。所花的时间约为局域网的 50 倍。

当然，数据包不是点对点传输的，它们会在旅途中的不同地点被存储和转发，互联网就是这样运作的。每个航路点（技术术语是路由器）都会给数据包的旅程带来一点延迟，日本和加利福尼亚州之间的每条路径平均延迟为 50ms。现在，你的局域网和实际网络之间的差异为 100 倍。现实会使你感到心痛，尤其是在这种情况下。如果在本地转换一些记录需要 5 分钟，那么远程转换就需要 500 分钟（8 小时 20 分钟）。如果我是你，在开始任何数据库转换之前，我会带一本书或者像其他同事一样下载一部电影过去。

　　尽管在相当长的一段时间内，我们一直无法绕开光速，但仍有一些其他方法可以用来改善延迟问题。第一种方法是在本地执行所有转换；第二种方法是编写可以批量处理请求的转换程序。这样可以更有效地利用高带宽网络，你的公司可能已经花了一大笔钱去租用它。如果服务器端的数据库转换进程处理一批记录的时间比在链路中移动所有记录所需的时间要短，那么你将会因此节省一些时间。但是，如果必须依次处理每条记录，那么在长距离链路上，你总是会遇到这种性能低下的问题。

KV

4.7 长跑

永远不要低估一辆满载磁带的旅行车在高速公路上飞驰时的带宽。

——Andrew S. Tanenbaum

不理解启停协议与流媒体协议之间的区别，和不理解延迟的心理是相关的。大多数人认为，整个世界都是传输控制协议（TCP），这是最著名且最常用的网络协议，但许多分布式文件系统，如网络文件系统（NFS）和其他系统，都是用的基于块的启停协议。即使 NFS 位于 TCP 之上，它仍然是一个启停协议，尽管传输层是流式的。下面这封信及回复将着眼于当你将高延迟与启停协议混合使用时会发生什么，当然，结果不是很好。

亲爱的 KV：

我被要求优化在全局网络上搭建的 NFS，但是 NFS 在长链路上的工作方式与在局域网上的不同。管理层一直在叫嚣我们在远程站点之间有一个千兆级的链路，但是当我们的用户试图通过 WAN 链路访问他们的文件时，体验实在是很糟糕。这是一项不可能完成的任务吗？

Feeling Stretched Across the Sea（横跨大海的感觉）

亲爱的 Stretched：

尽管我不久前在另一篇文章（"Latency and Livelocks"，ACM *Queue*，2008 年 3 月 /4 月）中善意地指出了这一点，但看起来继续混淆带宽和延迟，以及忽略光速限制的人数并没有减少。我本以为到目前为止这个信息已经传开了：不管你的管道有多宽，长距离的延迟才是你最大的挑战。我怀疑这类问题还会继续出现，因为自 2001 年科技泡沫破灭以来，廉价长途光纤的数量并未减少。世界正淹没在廉价带宽的海洋中。但是，延迟却是另一回事。

要理解延迟为什么会影响性能，至少要在基本层面上理解 NFS 协议的工作原理。NFS 是一种客户端 / 服务器协议，用户的机器，即客户端，尝试从服务器获取文件。当用户需要一个文件时，客户端向服务器发出几个请求以获取数据。简单地说，客户端必须查找文件，即告诉服务器它要读取哪个文件，然后它必须请求获取文件的每个块。NFS 协议试图将文件分成 32KB 大小的块进行读取，并且要求必须连续请求每个块。

这与延迟有什么关系？ NFS 中的许多操作都要求前序操作已完成。显然，客户端无法在查找文件之前发出读取请求，同样，在收到上一个块之前，客户端也无法发出请求读取文件中的下一个块。基于 NFS 读取文件的操作如下所示：

- ❑ 查找文件；
- ❑ 读取块 1；
- ❑ 读取块 2；
- ❑ ……
- ❑ 读取块 N；
- ❑ 完成。

在每个步骤之间，客户端必须等待服务器的答复。服务器离得越远，响应时间就越长。NFS 最初是被设计在局域网环境中工作的：当时，计算机通过一个快速的 10Mbit（是的，你看对了，10Mbit）网络进行连接。首次部署 NFS 的局域网的往返延迟为 5～10ms。在同一时期，计算机的 CPU 频率以数十兆赫为单位（是的，反复确认，以数十兆赫为单位）来度量。关于这种设定，你可以说最好的一点是，网络的速度远远快于 CPU，用户不介意在文件服务器上等待，因为他们已习惯了这种等待。这是很久以前的事了，那时处理一个长长的文件通常意味着有时间休息一下。

无论是在带宽还是在延迟方面，局域网速度都在不断提升。大多数用户现在有 1Gbit 的网络链路，局域网延迟控制在亚毫秒范围内。不幸的是，当开始在全球范围内创建网络时，光速这个因素就要考虑进来了。跨太平洋网络链路的往返时间通常约为 120ms。横跨大西洋和北美的延迟较低，但绝不是很快，除非有人找到了违反爱因斯坦重要理论的方法，否则速度不会快很多。每个物理学家都想冒犯爱因斯坦，但到目前为止，这位伟人仍然相当纯洁。

这样来看：对于客户端和服务器之间的每一英里，消息在 10μs 之内从客户端到达服务器并返回客户端是不可能的，因为光在真空中需要约 5.4μs 的时间才能传播一英里。在光纤或铜缆中，信号的传输速度要慢得多。如果你的服务器距离客户端1000 英里，那么你可能得到的最低往返时间是 10ms。

让我们假设一下，你碰巧拥有一个超高科技的、真空的光网络，并且你的往返时间总是 10ms，同时假设带宽不是问题。那么通过这个完美的链路读取 1MB 文件需要多长时间呢？如果每个请求的大小为 32KB，那么读取这个文件则需发送 32 个请求，计算结果为 320ms。你或许认为这还算不错，但只需要计算机的延迟达到200ms，人们就会注意到。每当你的用户打开一个文件时，他们就会感受到这种延迟，他们就会站在你的门口，抱怨你这昂贵的网络链路太慢。他们并不会喜欢听到这样的答案——"不要长距离使用 NFS"，尽管这确实是最好的答案。

在过去 30 年中，有一种协议经过了无休止的优化后，可以处理距离超过一英里的远程文件，那就是 TCP。"等等！我在 TCP 上使用 NFS！"我听见你哭了。一旦你将 NFS 放在 TCP 之上，你就已经失败了，由于刚才描述的 NFS 的块特性，你将永远无法高效地使用底层的 TCP 连接。只有当 NFS 能够在一个请求中从服务器获取整个文件时，它才能开始高效地使用底层协议。

可以做一些事情来改善你的处境。虽然不太可能通过调优 NFS 来改善，但是你可以调优底层 TCP 设置。然而，这通常是以系统为基础来完成的，也就意味着你可能会牺牲一些本地性能来改善用户的远程体验。在万维网上搜索有关"为高带宽 / 延迟产品的网络调优 TCP"的信息，并采用上面提供的建议。

记住，调优时要进行测试，而不是盲目地应用你得到的数字。调优 TCP 很容易使事情比使用默认设置的情况更糟糕。我建议使用诸如 scp 之类的程序来复制一个文件，一个你试图基于 NFS 复制的文件，并比较两者的时间。我知道使用 scp 会有一些加密开销，但建议人们使用 rcp 就像建议他们从剪刀开始学习变戏法一样。

我提供了一个不错的带宽 /延迟计算器的链接，你可以从这里开始：http://www.speedguide.net/bdp.php。

KV

4.8　网络即计算机

……计算机坏了。

——佚名

随着廉价硬件的出现和网络系统的普及，大规模故障已经成为我们面临的一个问题。我们面临的挑战是很难知道何时会出现大规模故障，模拟的方法在帮助我们避免这些真实世界的问题上表现得很差。因此，许多实现者选择了一种往前推进直到崩溃的心态，即正常工作，直到系统崩溃。这种心态的主要挑战之一是当分布式系统出现故障时，通常是级联故障，随着一部分出现故障，导致其他部分也依次出现故障，而对此追根究底会让人的情绪变得很差。

大型网络系统的开发人员使用的一种试图保持有限理智的方法是，部署两个网络，一个用于内部控制的流量，另一个用于面向客户的流量。采用分离式体系结构意味着，当客户网络出现故障或受到拒绝服务攻击时，可以使用内部控制网络查看问题所在。在测试网络中也需要一个分离的体系结构，以保持控制流量不受测试干扰，反之亦然。

如何去调试大规模故障的系统应该成为一本书的主题，但现在我们先专注于下面这封信及回复。

亲爱的 KV：

我们的项目已经在我们的基础设施上推出了一个著名的分布式键值对存储，我们曾多次惊讶于，客户端数量的简单增加，不仅减缓了系统运行速度，还使系统完全停止了。然后这导致了回滚，同时我们几个人搜索在线论坛，看看是否有人遇到了同样的问题。使用这个软件的全部原因是为了扩展一个大型系统的规模，所以我很惊讶于竟会多次出现因负载的小幅度增加而导致系统完全崩溃的情况。扩展系统的规模是否真的如此艰难，以至于系统即使处在一个适度的规模下，也会变得很脆弱？

Scaled Back（缩小规模）

亲爱的 Scaled：

如果有人告诉你扩展分布式系统很容易，那他们要么在撒谎，要么是喝醉了，也可能两者兼而有之。任何使用分布式系统超过一周的人都应该将这些知识整合到他们的思维方式中，如果没有，他们真的应该开始挖沟了。并不是说挖沟更容易，但它确实给了你一个很好的、有重点的任务，这是基于你投入的工作量可以线性实现的任务。另一方面，分布式系统以一种非确定性的方式（只能礼貌地如此称之）对负载的增加做出反应。如果你认为编写一个单一的系统是困难的，那么编写一个分布式系统几乎就是一场噩梦。

非分布式系统以更可预测的方式发生故障。如果对一个系统加压，随着内存、CPU、磁盘空间或其他资源耗尽，这个系统存活下来的机会就会微乎其微。非分布式系统问题的各个部分紧密地联系在一起，这些组件之间的通信更加可靠，因此，找出"谁对谁做了什么"很容易。虽然当你使一台计算机过载时，可能会发生不可预知的事情，但你通常可以完全控制其涉及的所有资源。内存用完了吗？多买点。CPU 不足，请配置并修复代码。磁盘上的数据太多？买一个大一点的磁盘。摩尔定律在很多情况下仍然站在你这边，微处理器的性能每隔 18 个月就会提高一倍。

问题是，最终你可能需要一组计算机来搭建你的目标系统。一旦你从一台计算机变成两台计算机，就像从一个孩子变成了两个孩子。套用一个古老的喜剧小品，只有一个孩子，和生两个或更多的孩子不一样。为什么？因为如果你只有一个孩子，当所有的饼干都从饼干罐里消失时，你知道这是谁干的！一旦你有了两个或两个以上的孩子，每个孩子都有在某种程度上看似合理的否认。他们可以，也会通过撒谎来逃避吃了饼干的惩罚。除非在每天早餐时给孩子们一份能使人吐露实情的吐真剂，否则你根本不知道谁在说真话，谁在撒谎。通信中的真实性问题在计算机科学中得到了大量研究，但我们仍然没有完全可靠的方法来构建大型分布式系统。

为防止系统变得太大和笨拙，分布式系统的建设者设置了一些限制，从而试图解决这个问题。分布式键值存储系统 Redis 限制了可以连接到系统的客户端数量为 10 000 个。为什么是 10 000？这并没有依据，它甚至不是 2 的幂。人们可能会想到 8192 或 16 384，但这可能是另外一个篇章。也许创造者读过《道德经》，觉得他们的宇宙只需要包含10 000种东西。不管是出于什么原因，这种限制在当时似乎是个好主意。

当然，限制客户端数量只是保护分布式系统不过载的方法之一。当分布式系统从1Gbit/s的网络硬件上移动到10Gbit/s的网卡上时会发生什么？从1Gbit/s移动到10Gbit/s不"仅是"增加了一个数量级的带宽，还降低了请求延迟。拥有10 000个节点的系统能否从1G平稳移动到10G？这是个好问题，你需要对其进行测试或建模，但很有可能单一的限制（如客户端数量）不足以防止系统出现一些非常奇怪的情况。从整个系统分配任务的机制上来看，你可能会遇到一个这样的热点，即一堆请求都被定向到单个资源的位置，从而产生一个类似于拒绝服务攻击的东西，并破坏了节点的有效吞吐。然后该节点失效，于是系统重新分配工作，此时系统有可能会选择另一个目标，并将其也从中删除，因为它看起来也失效了。在最坏的情况下，这种状态会一直持续下去，直到整个系统崩溃，最终在解决初始问题方面没有取得任何进展。

使用哈希函数来分配任务的分布式系统经常会受到这个问题的困扰。判断根据输入得到的结果的分布情况的好坏，是用来评判一个哈希函数的方法。一个用于分配任务的好的哈希函数会根据输入将任务完全均匀地分配给所有节点，但拥有一个好的哈希函数有时还不够。你可能有一个很好的哈希函数，但提供给它的数据很差。如果输入到哈希函数的源数据没有足够的多样性（也就是说，它在某些度量上是相对静态的，例如请求），那么不管函数有多好，它仍然无法在节点上均匀地分配任务。

以传统的网络四元组——源和目标IP地址以及源和目标端口为例。这总共是96位数据，似乎能为哈希函数提供合理的数据量。在典型的网络集群中，网络就是著名的RFC 1918三地址（192.168.0.0/16、172.16.0.0/12或10.0.0.0/8）之一。让我们想象一个由8192台主机组成的网络，我碰巧喜欢2的幂。完全忽略子网，我们从192.168.0.0空间中分配所有8192个主机地址，将它们依次编号为192.168.0.1～192.168.32.1。被请求的服务具有固定的目标端口号（例如6379）和临时的源端口号。我们现在将两个IP和端口输入到哈希函数中。系统在连接时会从接近16位的范围内伪随机地选择源端口。接近16位是因为端口范围中的某些部分是为特权程序保留的，而我们构建的系统级别比较低。目标端口是固定的，因此输入的目标端口无须在16位的范围内变化。我们应该对64位的IPv4地址进行哈希化，但实际上我们只用了13位，因为我们只需要对8192个主机进行编码。哈希函数的输入不是96位的，而是小于42位的。知道了这一点，你可能会选择不同的哈希函数或更改输入，这些输入确实会导致输出结果在主机上均匀分布。在分布式系统中，任务如何分布在一组主机上，是该系统是否能够按照预期进行扩展的关键之一。

关于如何扩展分布式系统的详尽讨论足以构成一整本书，比这篇文章的篇幅要长得多，但是我们离不开对分布式系统中的调试功能的讨论。"系统运行缓慢"是一个糟糕的缺陷报告。事实上，它是无用的。然而，对于分布式系统来说，它却是最常见的。通常，系统用户注意到的第一件事是响应时间增加了，并且他们从系统获得结果的时间比一般情况下花费的时间要长得多。分布式系统需要以某种方式表示其本地和远程服务时间，以便系统操作员（如 DevOps 或系统管理团队）能够跟踪问题。通过定期记录每个主机上的服务请求的到达和完成情况，可以找到热点。这样的日志记录需要是轻量级的，且不指向单个主机，这是一个常见的错误。当你的系统变得繁忙，日志输出开始占用服务器资源时，这是很糟糕的。记录系统级指标，包括 CPU、内存和网络利用率，以及记录网络错误，都将有助于跟踪问题。如果底层通信介质过载，可能会导致出现一组分散的错误，每个节点上都有少量的错误，从而导致整个系统出现混沌效应。可视性带来可调试性，没有前者就没有后者。

回到你最初的观点，我并不惊讶于负载的微小增加会导致你的分布式系统出现故障，事实上，我最惊讶的是还有一些分布式系统能够正常工作。使负载、热点和错误在系统上可见有助于跟踪问题并进一步扩展系统规模。或者，你可能会发现你正在使用的系统在设计上存在限制，那你必须选择另一个系统或自己编写一个系统。我想你现在可以明白为什么要不惜一切代价避免后者了。

KV

4.9 扩展失败

通信是关键。

——佚名

分布式系统扩展失败的一个最常见的原因不是愚蠢，尽管这是 KV 常用的解释，但有时也会把这个词换成简单的"天真"。为了找到一个更好的术语，本节在下面的信件和回复中给出了对一个作业控制系统的"天真"的首次尝试。与多线程编程一样，使用非阻塞 IO 编程是每个网络编程人员都需要学习的东西，越快越好。

亲爱的 KV：

我一直在研究一个基于网络的日志系统，这个系统不时地出现堵塞，尽管它看起来不应该。如果不是我的工作就是修复它的话，我可能会觉得它还比较有趣：整个日志系统的中央调度器就是一个围绕着一对读写调用的简单 for 循环，这个 for 循环从一组文件描述符中获取输入，并将输出发送到另一组文件描述符中。只要远程读入器或写入器都没有阻塞，系统就可以正常工作，通常不会出现问题。问题的出现是因为曾经处理不到 10 台机器的设备现在要处理 40 台，并且其中一些机器是通过广域网远程处理的。显而易见的解决办法是使代码变成非阻塞的，但令我惊讶的是竟然会有人以这种方式编写代码。很明显，从你第一次看到代码时就应该知道它是无法扩展的。

Blocked and Loopy（阻塞和循环）

亲爱的 Loopy：

我想说，我确信你所看到的代码的原始作者并没有企图折磨你，但在看过许多类似的代码之后，我很难继续接受这种特定的虚构。你可能看到的是被抛弃的"一次性"或"原型"代码。编写代码的倒霉人可能有天会碰到这样一个老板，他想到了一个"好主意"，使用网络和中央调度器来改进日志系统，然后让程序员编写一些简单易懂的代码。你现在看到的就是这种简单的东西。我能想象程序员运行这样的代码的情景，而且，由于他们都是乐观主义者，所以当代码运行并认为已完成时，他们会感到很兴奋。

接下来我看到的是，一旦代码被部署，人们就会发现它的作用。那些人们不知道起什么作用的代码很少会引起问题，因为它们很少被执行。从 10 个客户端增长到 20 个，然后到了它坏掉的时候，就会有人让你看一下。

如果我是你，我会感到庆幸。采用一个简单的读 / 写循环，并将其转换为一段相当健壮、无阻塞的代码，虽然不是一件小事，但也不是一项艰巨的任务。当然，当你进行此操作时，你还会添加代码，以便在客户端连接缓慢、断开或出现问题时进行报告，对吗？你可以轻松地花上几天的时间来修改和完善这样的系统，但我建议你只需添加足够的代码和钩子，这样当系统达到 100 个节点时，你就可以拆分调度器，并在不同的节点上同时运行多个调度器，这就是为了提高可扩展性接下来要做的。如果你做得不对，那么你的继任者也会给我写一封一模一样的信。

KV

4.10　端口占用

> 最初设立官僚机构，是为了处理公共事务。但是官僚机构一旦建立，就会产生一种本位意志，并会把民众当作敌人。
>
> ——Brooks Atkinson

我的长期读者可能会感到惊讶，当谈到网络技术的使用和滥用时，KV 倾向于站在权力的一边，至少在一开始是这样的，部分原因是在相当长的一段时间里，这些权力不是制度性的，而是沿着更具政治倾向的人所说的无政府主义路线构建的。IETF 是最受尊敬的网络标准组织和互联网协议的创造者，它一直强调"粗略的共识和运行代码"，这正是大多数技术人员所采用的正确策略。然而，随着互联网协议的发展，这些由 IETF 发起的组织逐渐发展成为机构，其中许多机构变得僵化和官僚化，因此这封信及回复既包含了 KV 对这些机构的尊重，也包含了对其改革的呼吁。Jefferson 说过："自由之树必须偶尔用爱国者的鲜血来浇灌。"尽管从字面上来看有点血腥，但作为大型组织变革的隐喻，它仍然是恰当的。

亲爱的 KV：

几年前，你指责一些开发人员在向 IETF（互联网工程任务组）请求预留网络端口时没有遵循正确的流程。虽然我知道占用一个已使用的端口是一种糟糕的做法，但我想知道你自己是否曾经尝试过让 IETF 分配一个端口。我们最近在处理一个开源项目中的一个新协议时经历了一次，这是一个不容易且令人沮丧的经历。虽然我不鼓励你的读者占用端口，但我可以理解为什么他们可能会自己寻找未分配的端口，然后简单地开始使用，并期望如果他们的协议流行起来，他们将在以后获得正式分配的端口。

Frankly Frustrated（坦然失意）

亲爱的 Frankly：

你在这个时候问这个问题真有趣。今年夏天，我也为我一直在做的一个服务请求了两个端口（Conductor：https://github.com/gvnn3/conductor），我一直很苦恼没有一个简单的、分布式的、自动化的系统来编排网络测试，所以我坐下来自己编写了一个。实现该系统最简单的方法是安排两个预留端口，一个给指挥者，一个给执行者们，这样每个人都可以独立地联系其他人，而不必在进程启动期间等着操作系统分配临时端口。

你可能会想，这很简单。实际上，它们并不是向 IETF 申请的，而是向 IANA（互联网分配号码管理局）申请的。你可以在它的网站上填写一个表格，详细说明你的请求（https://www.iana.org/form/ports-services）。该网站会询问一些相当合理的问题，包括你是谁，你的协议使用哪种传输协议（UDP、TCP、SCTP 等）以及你会如何使用你的协议。因为 UDP、TCP 和 SCTP 的端口字段只有 16 位，空间是有限的，所以你可以看到为什么 IANA 在端口分配时会很小心。查看当前的分配，我们可以看到将近 10% 的空间——超过 6100 个端口已经分配给了 TCP。

我在 7 月 7 日提交了一对 TCP 和 SCTP 端口的申请。同时申请这两种是因为它们都可以处理当前可用并且可靠的传输协议。当我写这篇文章的时候，已经是 9 月 6 日了，我确信到 9 月 8 日我将被分配一个端口。让我们来看看这个过程。

一旦你提交了端口申请，这个申请就会进入一个票务系统——RT（请求跟踪器），它由一个被我称为秘书的人负责管理。秘书似乎在票上做了某种形式的分类，然后将其转交给其他人。在过去的两个月里，秘书要求我回答关于这两个端口号的使用的问题。从互动中可以明显看出，这位秘书不具备任何重要的网络知识，只是充当了审查专家的中间人。

就像人们对任何一种过于官僚的过程和这种形式的电话游戏所预料的那样，在这个过程中信息经常丢失或重复，需要我详细地解释我将如何使用端口。最后，一位专家（真正了解网络技术的人）联系了我，我们就使用一个端口号来构建服务这个问题达成了一致。虽然我说是"达成了一致"，但主要是我让步了，因为即使把拳头打在白板上，我也要把这件事做好，让我告诉你，我差一点就做到了。

这件事让我想到一些关于已分配端口号的统计数据。TCP 的许多分配不是针对单个端口的，而是针对多个端口的，这意味着服务的数量会少于 6100 个。不仅有很多服务拥有多个端口，而且已失效的分配似乎也不会被垃圾回收，这意味着尽管只分配了 10% 的空间，但当协议或创建协议的公司消亡时，端口也无法被回收。浏览已分配的端口列表，就像漫步在已消亡公司的回忆小路上。

所有说的这些都不是为了鼓励人们占用更多的空间，但很明显，IANA 可以做一些工作来简化这个过程，以及回收一些使用过的空间。实际上，最大的问题存在于前 1024 个端口中，大多数操作系统认为这些是"系统"端口。系统端口只能被以 Root 身份运行的服务使用，这被视为特权。例如，域名系统在端口 53 上运行。正是在这些编号较低的空间里，IANA 需要集体行动起来，消灭一些服务。尽管我确信你们所有人每天都在使用带有 SPX 认证的端口 222 Berkeley rshd。

KV

4.11　原始网络

一切都是衍生的。

一切都是混合的，我们都站在巨人的肩膀上。

——Alexis Ohanian

每个人都想在一块干净的石板上构建他们的系统，一部分原因是它让人感觉更满意，另一部分原因是大多数技术人员都是控制狂，狂妄自大。有这样的渴望本身并没有错，但它们必须由良好的判断力加以调和。

这里说的良好的判断力可能包括查看常规的 IP、UDP 和 TCP 协议以及其他的协议。有许多标准和接近标准的协议试图解决这三大巨头在各种情况下的已知缺陷，而这正是我们在拿出一张漂亮的纸之前应该开始的地方。归根结底，就是要做足功课，这对有些人来说很无聊，但真正有天赋的艺术实践者知道，这样做会缩短他们的开发时间并产生更好的结果。

下面这封信及回复涵盖了这种情况，在这种情况下，没有经验或者主动性不够的人，可能会希望把婴儿和洗澡水一起扔出去，因为他们想要一个干净的浴缸来洗澡。

亲爱的 KV：

我工作的公司已经决定使用无线网络链路来减少延迟，至少当两个站点之间的天气良好时是这样。在我看来，对于有损的无线链路上的传输，我们希望自己的传输协议直接位于无线电提供的任何东西之上，这样我们就不用浪费位数在 IP、TCP 或 UDP 的报文头上，这些报文头对于点对点网络来说，并不是真正有用的。

Raw Networking（原始网络）

亲爱的 Raw：

推出一项新的网络服务的最佳方式是忽略该领域 30 年的研究，我完全同意这个观点。祝你好运。

想编写自己的协议的网络工程师和网络开发人员的数量仅次于操作系统开发人员（他们都希望重写调度器[⊖]）的数量。"如果我们能用一张干净的纸去实现它，我们就能做得比 ARPANET 好得多，因为 ARPANET 是针对那些蹩脚的老旧硬件来设计的，而我们的硬件是闪亮的、崭新的。"这句话既对也不对，而且在编写一行新代码之前，你最好先弄清楚你的想法是在布尔逻辑的哪一边。

互联网协议虽然不是网络的全部，但它们比目前存在的其他任何一种网络协议都经过了更多的研究和测试。你说你正在建立一个无线网络，我相信你能买到质量最好的设备。无线网络是出了名的有损网络，至少与有线网络相比是如此。事实证明，有很多关于有损环境中的 TCP 的研究。因此，通过 TCP 传输数据时，尽管你将为每个包支付额外的 40 字节，但你可能会从带宽和往返时间估计器（存在于发送和接收数据的节点中）的调优工作中获得一些好处。

你的网络是点对点的，你认为自己无须关心路由。但是，除非所有的工作总是在这个链接的一端执行，否则你终将不得不担心寻址和路由的问题。事实证明，已经有人考虑过这些问题了，并且在互联网协议中实现了他们的想法。

TCP/IP 协议不仅仅是一组标准报文头，它们是一个完整的寻址、路由、拥塞控制和错误检测系统，这个系统已经构建了 30 年，经过改进，用户可以从网络资源最贫乏和最偏远的角落访问网络，那里的带宽仍然以千比特为单位，并且延迟不超过半秒。除非你正在构建一个永远不会增长，而且永远不会连接到其他东西的系统，否则你最好考虑一下你是否需要 TCP/IP 的特性。

我完全赞成对网络协议进行彻底的研究。有许多方法还没有尝试过，也有一些方法虽然尝试过，但当时并没有奏效。你的信并没有暗示你做了很多的研究，而只是展示了你的项目，除非你已经做足了功课，否则这种展示会让你和你的项目不堪一击。

KV

⊖ George Neville-Neil: Bugs and Bragging Rights, in: Queue 11.10 (Oct. 2013), 10–12, URL: https://doi.org/10.1145/2542661.2542663.

4.12　毫无意义的 PKI

网络和安全在很多地方相互交叉，最突出的是在构建公钥基础设施（PKI）时。一个易于构建、维护和理解的 PKI 系统仍然是网络和安全领域的梦想。为了解决这个问题，人们已经编写并公开了许多论文、协议和代码，但问题仍然存在。这个问题仍然存在的原因是，安全基础设施的定义很难确定，并没有得到所有可能的参与者的一致认同。大多数用户在被侵犯之前几乎都不会注意到安全问题，我们将在 5.11 节谈到这一点，而大多数基础设施的所有者都希望系统只对他们自己是安全的，而不是对他们的用户是安全的，因为一个具有良好安全性的系统不方便其所有者利用用户赚钱。由于有很多强大的利益集团反对分布式系统中的安全理念，所以在这个领域中能够完成任何一个好的工作都是令人惊讶的。

亲爱的 KV：

我在一家大型网络公司工作，我们正在寻找一种确保通信安全的方法。与大多数公司不同，我们不是为了保护远程办公室之间的通信，而是为了保护公司内部前端 Web 服务器和后端数据库之间的所有通信。我们曾经遇到过内部泄露的问题，管理层决定在传输过程中对数据进行加密，并认为这是保护信息的唯一方法。我们不会加密存储数据，因为让每个人都重写他们的应用程序太困难了。构建这样一个系统绝非易事，我们有数千台服务器参与系统的工作。我正在构建一个 PKI 系统来处理所有必要的密钥，每项服务对应一个，我想知道你对于如何保护公司内部的数据而不是确保服务本身的安全有什么建议。

Keyed Up over Security（由于安全问题而紧张）

亲爱 Keyed：

是的，你是对的，构建这样一个系统绝非易事，最糟糕的是，即使成功了，也毫无意义。在你的来信中，有几件事让我感到困惑，因此我将试着从逻辑上处理它们，这超出了我对你的管理层所能说的，他们似乎处于一种被亲切地称为"反应模式"的状态中，我称之为"把头埋在沙子里"或其他地方。

我怀疑你所说的内部泄露是指一些员工盗用了你的数据。当然，内部泄露对任何 家公司来说都是风险，公司规模越大，风险越大。参与你的团队工作的人越多，你就越有可能招来一些本不应该雇佣的人。如何防止这些可恶的内部人员使用他们不该使用的数据来做一些事情？我可以告诉你，对所有通信进行加密不会有多大帮助。内部攻击者不太可能在网络上放置一个数据包嗅探器来收集一天或一周的数据，然后将其带走。要筛选这么多的信息实在是太辛苦了，而且，你已经为他们提供了一个更容易的目标。

如果你的公司将数据存储在后端数据库中，那么内部攻击者就会到后端数据库中获取数据。如果通过一些 SQL 语句和 DVD 刻录机或快速网络连接就能获得更好的数据时，为什么要去筛选传输的数据包呢？如果你存储的是敏感数据，那么需要保护的是数据，而不是网络！就像最近发生的几个案例一样，如果攻击者拿走了备份，该怎么办？如果数据库中的数据没有安全保护，即没有经过哈希化或加密，则拥有备份的人就拥有了数据。

在这类系统中，大多数人不理解的另一个重点是"需要知道"的概念。政府和军队就是一个硬币的两面，他们试图构建这样的系统，让敏感数据只被真正需要使用这些数据的人看到或修改，因此是"需要知道"。数据库和其他计算机系统也可以以类似的方式构建，这样只有少数需要处理特定数据的人才能真正处理它们。正直的人不会在意他们不能访问所有的数据，因为他们已经拥有了完成工作所需要的东西，而不正直的人可以访问的数据变少了，就能降低风险。

在构建安全系统时，一个常犯的错误是对一切进行加密。如果对所有数据进行加密，那么每个人都必须拥有密钥，而密钥可能丢失或被盗，从而导致数据泄露。正确的做法是，仅加密那些关系到业务安全性而必须加密的内容，这样就只有一小部分人需要密钥或访问敏感数据。

最后，你在邮件中没有提到任何关于审计的内容。在你的系统中，找到不正直的人的最好方法不是对所有通信进行加密并希望这能阻止他们，而是在敏感数据被读取、修改或删除时进行审计。保存"谁对谁做了什么"的日志并定期检查该日志，是发现系统滥用者的最佳方法。

很抱歉，我没有告诉你如何实现一个好的 PKI 系统，这是一个引人入胜的话题，但它对你毫无帮助，只能让你公司的老板感到更安全，而实际上他们并不安全。

KV

4.13　标准的标准

　　标准的好处是有很多选择。此外，如果所有的选择你都不喜欢，你还可以等待明年的版本。

——美国海军少将 Grace Murray Hopper

　　在计算机领域中，没有任何东西比网络更受标准的制约，这是非常有意义的，原因有很多。让两个或多个异构计算系统正确交换信息的唯一方法是在它们之间定义某种通用的交换形式。人类一直在使用语言，但人类语言是有机的、不合逻辑的、容易出错的，所有这些特性使得它们不适用于计算机对计算机的通信。就像编程语言一样，在最好的情况下，是由代表计算系统共同底层特性的逻辑块构建起来的，比如布尔逻辑、存储程序和可寻址存储（又名内存），网络协议的定义应使用网络中可用的隐喻，使其易于理解和实现。

　　任何形式的通信的目标都是从 A 点获取一个概念，并在 B 点以相同的方式表示出来。在人类语言中，我们希望获取我们头脑中的概念，并通过言语或写作，使该信息的接收者获得相同的概念。网络协议的概念的定义要狭隘得多，因为所有网络通信的目标都是获得一段数据（大小从一个比特位到数千兆字节不等）并在不重复和不丢失的情况下从 A 点到 B 点按顺序传输它们，虽然与人类通信相比，这个定义听起来很简单，但在为现实世界设计网络协议时，必须考虑许多设计约束。KV 在本章前面的小节中列出了许多挑战。

　　如何采用现有的标准并将其转换为代码是下面这封信及回复的主题，它阐明了一组不同的关注点。协议设计者可以被视为架构师，这在当今的计算世界中是一个不幸被滥用的术语，而实施者是负责制定计划并建造大楼的施工团队。在大楼的建造过程中，有些事情是架构师不知道的，或者可能是没有意识到的，但施工团队必须知道，否则整个公司可能会倒闭。这封信献给那些建造现代的无形大厦的人们。

亲爱的 KV：

我一直在为我的雇主实现一个网络协议，尽管我以前也听到过别人抱怨技术规范，但我认为设计这个规范的团队肯定是非常特别的。不仅文本难以理解，而且我还不断发现他们遗漏了一些重要的点，比如在某种情况下某些字段是否应该存在。我觉得我别无选择，只能寻找另一个规范来测试我的实现，这样我就能知道协议是否有效，这是我打算在开发过程的后期采取的步骤。怎么能指望任何一个人基于这样的文档来实现软件呢？

Duped by Documentation（被文档欺骗）

亲爱的 Duped：

你还有文档？！请认为自己是幸运的吧！尽管也许你并不是真的幸运。事实证明，标准的质量和代码的质量一样都是千差万别的，要想理解这一点，一个好的办法就是花上几十年的时间来阅读它们，正如 KV 所做的那样。如果这是你第一次根据“标准”来实现某些内容，你可能会期望它是由聪明的专业人员编写的，他们只专注于确保其他人能够在最少的歧义下快速有效地实现他们的想法。但你可能不知道的是，这样的哲学家之王只在神话中存在。标准的制定有许多不同的原因，其中一些与最终的产品质量毫无关系。甚至有这样的情况——我知道你听到这个会感到震惊——公司专门派人从事标准工作，这样他们要么永远看不到曙光，要么即使看到了曙光，也无法实现这些标准，从而使该公司具有商业优势。当然，我告诉你，人是愚蠢的、自负的、卑鄙的，这样的公司破坏创新的可能性和促进创新的可能性一样大，虽然这对你并没有什么帮助，但确实让你感觉良好。

我们来讲下实际问题吧，在代码中实现标准的时候，有几件事需要注意。首先，你不应该直接进行互操作性测试，而应该先给标准打标记。现在的标准通常以 PDF格式发布，有儿个不错的程序可以让你随意对文档进行注释。KV 实际上更喜欢用笔和纸的方法，尽管对于某些标准来说，携带打印副本可能会很麻烦。无论你选择什么标记工具，找个安静的地方，坐下来，阅读整个规范并做好笔记。把你发现的每一个歧义都标出来。如果你的笔记写得太多，可以在某处把它们单独归档。这类似于在代码中编写注释。一些标准和规范提供了注释，其中一些注释甚至很有用，但通常这些文档更多的是来自高层的声明。

标记好文档之后，接下来要做的事情就是为所有从文档中梳理出来的案例编写测试。我知道，我经常说测试有多重要，在这种情况下，它比我能想到的任何其他情况都更真实。我个人曾对一个网络标准感到不满，在这个标准中，作者没有前后一致地声明他们的填充字节。在某些地方，他们非常尽职地说了"这些字节都是 0"，但在另一些地方，他们又什么也没说。直到我为这个协议编写了几个测试代码之后，我才确定它的每一个声明字段都是从 32 位边界开始的。当我看到字节在网络上的样子时（由于标准中使用的符号太糟糕，几乎无法理解），制定标准的初衷就变得更加清晰了。如果没有自己的测试代码，我是不可能解决这个问题的。

现在我们来谈谈你在信中提到的一点：利用其他已知的程序进行互操作性测试。如果你足够幸运，不是第一个实现该规范的可怜人，那么互操作性测试可能会帮助你。我说这可能会有帮助，是因为实现这个测试程序的人或团队可能比你更困惑，让你的代码与他们的代码协同工作只意味着同一标准存在两个可互操作却都有缺陷的实现。不要仅因为你正在实现的标准版本存在就认为它是好的。世界上到处都是可互操作但也有错误的系统。在这里，我想到了网络客户端的许多案例，它们必须使用西北部一家大公司的代码。在本专栏中，我通常不会针对某个特定供应商，但我已经得出了经验，这个特定供应商比我遇到的其他任何一家供应商提供的垃圾网络代码更多，这就足够了。

最后一个建议是，你应该明确指出代码中实现了标准或规范的哪一部分。例如：

```
/*
 * Update the Older Version Querier Present timers for a link.
 * See Section 7.2.1 of RFC 3376.
 */
```

和

```
/*
 * RFC 1122, Sections 3.2.2.1 and 4.2.3.9.
 * Treat subcodes 2,3 as immediate RST
 */
```

这两个示例都来自 FreeBSD 中实现的 TCP/IP 协议栈，但这是直接从标准或规范实现代码时的常见做法，它有助于你从几个方面进行改善。首先，把东西写下来是人们思考问题的一种方式。如果事情只存在于你的脑海中，它们就不会像在纸上或文件中那样具体。一旦事情从你的头脑中跳出来，你就可以更客观地检查它，就可以更好地推理你所认为的是不是真相。

其次，有一些行为，比如写好所有的注释，都是对未来的代码维护者的指引。没有什么比看着某个模糊的函数片段并疑惑"为什么他们要这么做"更令人沮丧的了，尤其是所做的事情不能立即产生意义的时候。代码的存在可能有一个很好的理由，但重要的是要将原始程序员的反复无常与标准的反复无常区分开来。如果这些代码是标准的一部分，尽管它可能看起来是不合理的，但为了互操作性的考虑，你必须将它放在一边。

当然，正如你所想象的，我也有一些建议给标准的编写人员。任何一个从事标准或规范工作的人都能做的最重要的事情也许是在语言和表示上保持一致。在这一点上，用来建立一个新标准的大多数结构体已经存在，所以请停止发明新的方式来表示数据结构。如果你觉得在纸上用新的方式来表示字节和比特是件令人兴奋的事，但我很抱歉，标准并不是视觉艺术作品，它们必须是清晰的作品。我恰巧更喜欢大多数 RFC 中的文本表示，在 RFC 中，标签框的宽度最多为 32 位。这并不是视觉表示的全部，但它们却是一个非常好的开始，所以请从这一点开始吧。

现在，一旦你认为自己已经有了一份清晰的书面文档，那么把它交给没有参与项目的人，看看它是否真的有那么清晰。认为那些从事标准工作的人是检查标准是否清晰的合适人选，这种想法是荒谬的。在仅仅粗略地接触到标准中的一组观点之后，内部审查员的大脑就会开始填补空白，而这绝对不是你想要的。你需要一个能说出哪里存在空白的人。最后，让某些人尝试实现规范（同样是编写规范的团队之外的人员），然后听听他们的意见！很多次我问别人："有别人看过这个吗？"他们会以一种震惊的语气回答："是的，当然！"就好像我问他们有没有洗过澡就是在质疑他们的卫生意识一样。然后当我问："你整合了他们的反馈吗？"他们会开始显得有些局促不安。

实现一个标准与实现其他东西没有太大的区别。被视为标准的东西的作者不是神，他们的话语不应该被视为戒律。对你的问题最简单的回答就是做笔记，写测试，并在附近放一瓶你最喜欢的镇静剂，尽管你这次不需要用到它，但你终将会需要的。

KV

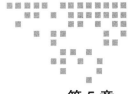

第 5 章　*Chapter 5*

人类对人类

所有的问题都可以归结为人的问题。

——Gerald M. Weinberg

许多进入技术领域的人会觉得和机器"交谈"比与人"交谈"舒服得多,这在计算机领域更为普遍。这里的"交谈"指的不是我们目前和数字助理的那种交谈——类似于"嘿,Siri,给我买杯啤酒",而是指程序员与程序对话的那种通信方式,计算专业之外的人还无法普遍接受。不幸的是,生活并不总是像与程序交谈那样简单,我们经常发现自己不得不与现实中那些麻烦、不严谨、苛刻的人沟通,真是令人恼火。一个项目的成功往往取决于我们拥有多少人文能力,尽管与在大学里另辟蹊径,专门研究与人文而非机器相关的科学或艺术的那些人相比,我们在这方面的能力十分有限。本章展示的是寄给 KV 的那些与代码完全无关的信件,它们更多的是关于人的问题。

5.1 关于骄傲和其他

人们常说，读史明智，知古鉴今。所以每当有机会学习历史，即使那段历史与软件无关，KV 也会努力关注这段历史能给我们带来什么启发。

瓦萨号的故事在我心中有着特殊的地位，因为它的故事脉络十分清晰，简洁却大有深意。我们这些技术工作者认为，管理问题以及管理人员对技术缺乏理解的问题，是从 18 世纪开始工业化和专业化的时候萌芽的，并在 19 世纪至 21 世纪期间加速发展。瓦萨号的故事告诉我们，这些问题肯定早在现代工业社会出现之前就有了。得到这个结论并不奇怪，因为这些问题不是技术问题，而是与人高度相关的，从下面这封信就可以看出来。

亲爱的 KV：

我在加州的一所学校向本科生教授计算机科学。前几天，一位英语系的朋友给了我一个有趣的建议。他想知道我的学生是否读过《弗兰肯斯坦》，以及我是否认为这本书会让学生们成为更好的工程师。我问他为什么认为我应该推荐这本书，他说他觉得这本书可以改变人们思考自身与世界之间的关系的方式，特别是我们与技术的关系。他并非居高临下，而是十分认真。考虑到利用信息技术构建的弗兰肯斯坦式项目的数量如此之多，也许给计算机科学本科生上这些课并不是一个坏主意，至少能让他们意识到自己担负的社会责任。你同意吗？

CS Prof（计算机科学教授）

亲爱的 CS：

虽然我大体上同意讲故事和复述故事是一种很好的教育方式，但不得不说，用玛丽·雪莱的小说来做这件事的想法非常过时，在计算机科学课上可能不太有效。我自己曾经在大学时期被迫上过一门叫"计算机与社会"的课程，虽然在这节课上我们没有读过《弗兰肯斯坦》，但我们被那位教授一连串关于计算机和技术对社会产生了很糟糕的影响的话打了当头一棒。我要做的事就是同意她的每一句话，还要写抨击技术的文章来在这门课上获得 A。请问这是对时间的有效利用吗？

当然不是，那只是一场表演。如果你真的想让观众有所触动，就必须用你能理解的、与他们的经历相关的故事来吸引他们。如果说让我给本科生们讲故事，我会讲瓦萨号，一个我认为应该在工程师中更广为人知的一艘船的故事。

在 1990 年的一次会议上，我第一次从一件 T 恤上了解到瓦萨号。一个朋友创办的公司用瓦萨号的横截面讽刺了国际标准化组织用 OSI 模型描述网络协议的徒劳之举。图片的标题上写道："又一个失败的 7 层模型。"我起先以为这两者的联系仅在于 OSI 模型有七层，瓦萨号有七层甲板。但当我发现瓦萨号为什么会悲惨地失败时，我被这个故事深深地吸引了，因为这是一个如此经典的工程失败故事。

瓦萨号是在 1626—1628 年间，由当时试图统治波罗的海的瑞典国王阿道夫·古斯塔夫二世下令建造的。在 17 世纪，统治者的职责可不止发号施令，阿道夫不仅要组织战争，还要协助设计海军舰队的船只。当时，瑞典军舰的两侧都有一排火炮，可以向敌舰连续发射炮弹，有时候是可以击毁敌方船只的。瓦萨号服役时，这一排大炮被认为是最先进的。

在建造这艘船的过程中，阿道夫发现波兰人的船有两层甲板的火炮，所以他修改了瓦萨号的设计，增加了第二层放火炮的甲板。如果这一想法能够实现，将使瓦萨号成为当时最强大的海军舰艇，能够进行毁灭性的舷侧攻击。但实际上瓦萨号并不适合这样的设计，主造船师向国王解释说，瓦萨号的压舱物太少，不足以支撑两个炮甲板，如果这样建造，瓦萨号很可能无法安全航行。像许多项目经理一样，国王固执己见，坚持自己的设计。做软件项目的时候，你可以随时辞职，但如果你的老板是国王，这么干的话你丢掉的可能不仅是工作。所以造船这个项目只能继续进行。

1628 年，这艘船终于准备好做质量保证测试了。17 世纪的船舶质量保证测试不同于今天。他们选了 30 名水手，并要求水手们在船的甲板上从左舷到右舷来回奔跑，如果船没有翻沉，那么就通过了测试。了解了这个测试方案，想必你肯定不想加入 1628 年的这个质量保证团队。水手们仅仅在甲板上跑了三个来回，瓦萨号就开始疯狂倾斜，主造船师决定取消测试。测试可以被取消，但项目不会。毕竟这是国王的船，它必须要完成航行的使命。

在 1628 年 8 月 10 日这天，微风习习，瓦萨号启航了。在离开码头不到 1mile

（1609.344m）时，一阵强风将它吹得侧翻了。瓦萨号开始进水，并在众目睽睽下沉了下去。30～50 名水手因被困在船上或无法游到岸边而丧生。

　　国王写了一封信来回应这次灾难，他坚持认为是造船师们太无能的原因。他当然是对的，但不是以他想象的方式。随后人们展开了调查，他们询问了幸存的船员、船长和造船者们意外发生时船员和船只的情况。调查结果是大多数人都认为船只的设计是失败的，设计师没有采纳造船者关于船只设计缺陷的意见和建议。当然，人们不能追究国王的过错，所以最终的事故结论是"天意"。这场灾难给瑞典造成了巨大的经济损失。

　　用现在的眼光来看，这个故事远不如《弗兰肯斯坦》来得精彩，但它对工程失败的警示更直接。我认为这个故事最有趣或者说最可悲的地方在于它的教训仍适用于当代。自 1628 年以来，一切都没有改变。人们依然会因沟通失效从而导致灾难性的失败。自负是人类的绊脚石，人们总爱把失败归咎于神秘的超自然现象。这一切如此理所当然，实在令人难过。

　　20 世纪 60 年代，瓦萨号从它沉没的海湾底部被打捞起来，最终被放置在斯德哥尔摩的一家博物馆里。我在 2000 年参加 SIGCOMM 会议期间参观了瓦萨号。它的整个故事被记载在墙上挂着的一块匾额上。我认为这是一家所有工程师都应该至少参观一次的博物馆。

KV

5.2　你的是什么颜色

我为什么要在乎自行车棚是什么颜色?

——Poul-Henning Kamp

人类宁愿为了小细节争论也不愿意尝试理解大而复杂的系统，这一习惯已经被充分证明。随着世界和我们放入世界的系统变得越来越大，这种状况只会更糟[⊖]。KV经常将这种倾向归咎于他接触过的营销团队，因为他们似乎除了为项目中琐碎的细节争论之外，没有什么更好的事情可做。不幸的是，技术人员也会陷入同样的境地。尽管争论的内容是不同的：营销人员喜欢挑剔外观和感觉，工程师喜欢挑剔编程风格，但事实是争论的都是无关紧要的细节，这是问题的根源。

人们会找到任何理由来推动个人议程，有时他们似乎只是觉得自己是对的，而别人是错的。挑剔系统中不重要的缺点是一种行为模式，这种行为很快会变得有害，并演变成一种形式的霸凌，即使方式不正确，但是挑剔者们会得逞，因为没有人有精力与他们争论。当争论陷入僵局时，能够大声呼喊是要学习的一个很好的技巧，而用一个大家都认可的说法或者代名词来指明要讨论的地方，对于平息无益的争论至关重要。

许多年来，在 FreeBSD 项目中，这种行为的代名词一直为"自行车棚"[⊜]，原因现在更加清楚了。

亲爱的 KV:

上周，我们的一位新工程师签入了一个小程序，以帮助我们调试正在开发的代

[⊖]　C. Northcote Parkinson: Parkinson's law: or, the pursuit of progress / C. Northcote Parkinson; with illustrations by Osbert Lancaster, English, 1957, p. 1 v.

[⊜]　关于自行车棚故事的另一个版本，请访问：http://www.freebsd.org/doc/en_US.ISO8859-1/books/faq/misc.html#BIKESHED-PAINTING。另外，我喜欢的自行车棚颜色是紫红色。

码。尽管这只是一个测试程序，但还是有几个人阅读了代码，然后在他们觉得需要改进的地方添加了注释。测试代码本身没有任何大问题，但是大家对这个代码的讨论却越来越多，最终代码的注释比代码本身还要长。在代码的某处有一个原作者的注释写道："看，我已经签入了代码，你现在可以把自行车棚粉刷成任何你想要的颜色。"然后开始拒绝任何人对代码进行任何修改。我能理解他对吹毛求疵的评论感到沮丧的心情，但他说的粉刷自行车棚是什么意思？

Maybe I'd Like Green（或许我喜欢绿色）

亲爱的 Green：

　　自行车棚是你可以停放自行车的棚，由于所有这样的棚都需要油漆保护它们免受天气影响，所以它们一定会被涂上某种颜色。颜色对一些人来说非常重要。开个玩笑，我知道这不是你真正想问的。

　　其实你所看到的现象是程序员对代码库中的简单更改的典型反应。你有没有注意到，当有人签入一些复杂且糟糕的代码时，基本不会有什么回应？这通常是因为负责检查这些代码的人没有时间去做详细的代码审查。然而，很多人确实有时间去审查一个 10 行或 50 行的变更，并且他们会因为没有检查大的代码段而感到内疚，所以对这些小的代码段吹毛求疵。

　　C. Northcote Parkinson 首先给出了出现这种情况的原因。他写了一本关于管理的书（*Parkinson's Law and Other Studies in Administration*, Ballantine Books, 1969）。他说，如果你建造的是一些复杂的东西，那么很少有人会和你争论，因为很少有人能理解你在做什么。如果你建造的是一些简单的东西，比如自行车棚，因为大多数人都可以建造这个，所以每个人都会有自己的看法。正如你所知，仅仅存在一个观点是不够的，大多数人会觉得他们也应该表达自己的观点。

　　编写原始代码的工程师清楚地意识到自己陷入了一个毫无意义的循环，并决定通过告诉人们可以将自行车棚粉刷成任何他们喜欢的颜色来打破这个循环。这个工程师非常确定，在此过程中可能没有人会真正改变棚子的颜色，但是我们可以通过不参与无意义的循环，让人们重新专注于代码中更重要的部分，这是他们之前一直在做的事情。

KV

5.3　被破坏的构建

我才不在乎它能不能在你的机器上工作！我们又不会给你提供机器！

——Vidiu Platon

大多数人不会相信绝大部分的程序员都是个乐观主义者——排除掉从事计算机安全工作的那些，普通程序员（即使不是科班出身）十有八九都是很乐观的。读者可以从我们从事的工作中窥探一二。让一个大型系统——甚至只是一段复杂的代码运行起来都是一项非常琐碎和困难的任务。代码构建完毕时，大多数的程序员都确信代码可以正常工作，这就导致我们经常会开一个啼笑皆非的玩笑："代码构建完成，现在交付吧。"如果有人真的这么做，他可能会成为行业内的笑柄。

本书的许多信件中经常体现出这种乐观主义的不利的一面，与这里最相关的就是程序员在提交代码之前缺乏测试。对世界上 90% 或更多的人来说，构建软件需要共同努力。在提交代码之前不测试代码是软件开发的主要问题之一。对于在程序员中蔓延的这种经常性行为，最令人沮丧的是，现在计算机的速度很快，最大的系统其实也仅需几分钟就可以完成构建测试。构建基础设施不仅在大型企业场景可用，现在甚至连最小的开源项目都可以使用。事实上，对于许多系统来说，构建和测试基础设施可以在笔记本电脑上运行。

程序员的另外一个大问题是在工作时经常不考虑他人。程序员需要专注才能驯服那些难搞的代码，这就迫使我们放弃思考编写代码以外的事情。不考虑他人的另外一个原因是程序员总是会独自测试变更内容，提交完代码之后就去喝一杯。KV 并不是建议我们要把自己困在开发、合并、测试、提交的循环中，耗费了很多时间却发现项目中的其他人搞砸了共享的代码库，而是说项目中的每个人都需要接受这种做法。

破坏共享基础设施应该被禁止，就像公共泳池里禁止小便一样。

亲爱的 KV：

对于程序员来说，还有什么比团队成员签入破坏构建的代码更令人恼火的事情吗？我一直在追踪解决别人代码中的小错误，只是因为他们没有检查他们的更改会不会破坏构建。最糟糕的是，当我指出问题时，破坏构建的人还会迁怒于我。有没有更好的方法来防止这类问题发生？

Made to be Broken（为破坏而生）

亲爱的 Made：

我知道你和其他所有人一样，都希望我只是咆哮着说你应该如何割掉冒犯者的小指尖，以此作为给他们的教训，并警告其他人不要粗心大意。虽然这个回答可能让人满意，但这样的行为在大多数地方是非法的，而且在道德上也是错误的。

经常性的构建破坏是致命的，但它并不是问题本身。它的存在说明以下三个方面存在问题：管理、基础设施和软件架构。

当出现团队或项目方面的问题时，管理是最容易想到的原因。大多数在项目中负责编写代码和验证系统的人会认为项目方面的问题需要由"妈妈"（也就是项目负责人或项目经理）来解决。不幸的是，"妈妈"只能提醒人们打扫房间、系鞋带以及不要提交搞破坏的代码。

对于签入代码之前不检查的问题，最好的解决方案之一是同行的压力。任何没有先编译就签入代码的人都应该为这样的错误感到尴尬，如果没有，他们周围的其他人应该让他们感到强烈的尴尬。事实证明，羞耻是避免反社会行为的强大动力。就像 KV 的许多建议一样，可能让人羞耻得有点过分了，但我建议你尝试一下，看看它是如何起作用的。

依靠"妈妈"来责备行为不端的"孩子"会让你和项目经理都很厌烦。你想看到的是一种良好的工作文化，在这种文化中，人们知道破坏构建的行为就像在休息室里排便，发生一次可能比较有趣，但次数多了就会让人无法接受。

糟糕的基础设施也可能导致经常性的构建破坏。有一件事一直让我感到惊讶，那就是在计算机硬件越来越便宜的同时，很多公司仍然没有一个夜间运行的或者更方便的构建系统。购买一台台式计算机，花费几天时间编写脚本，大多数团队就可以拥有一个可以定期更新测试代码的版本、构建测试并在构建失败时向团队发送电子邮件的系统。这种系统节省的时间是很容易衡量的。

将团队人数中的程序员数量减去 1，用得到的数字乘以找出破坏构建者并羞辱他们再让他们修复构建通常需要花费的小时数，再将这个数字乘以团队中每个人的平均时薪，你就可以大致知道没有定期构建会浪费多少时间和金钱。我们不会进入定期测试阶段，虽然这可以节省更多的时间和金钱，因为如果你的构建总是被破坏，那么你显然还没有达到足够的水平来进行夜间测试。

即使破坏构建的代码仍然会进入系统，但有了定期构建的系统，违规的人很快会发现自己破坏了构建，并很可能发电子邮件承认这一点（"我破坏了构建，稍等一下"），然后修复错误。虽然这种挽救措施只是杯水车薪，但它总好过你之前的情况。

有时候问题的根源在于构建系统本身。许多现代构建系统严重依赖于缓存派生对象以及构建过程的并行化。虽然并行构建过程可以更快地产生结果，但它通常会导致构建失败。试图构建一个需要先创建另一个对象（例如自动创建的依赖文件）的对象总是会带来麻烦。手工维护依赖列表是一个很容易出错却必要的过程。如果你使用的构建系统依赖于缓存并使用并行构建，那么你的问题很有可能就出在这里。

现在我们来看最后一个领域，也就是构建问题出现的原因。软件的组合方式通常被称为软件架构，它不仅会影响软件运行时的性能，也会影响软件的构建方式。我不太愿意使用"架构"这个词，因为这个词的过度使用不幸导致了"软件架构师"这个职称的泛滥，而这些人经常名不副实。

如果一个软件系统的所有组件的耦合性太高，那么对一个组件进行的更改可能会对所有组件都有影响。模块化程度不足通常是软件产品上市时的问题，但它肯定是在软件编译时出现的。如果更改一个区域的依赖文件会导致另一个区域的构建被破坏，那么你的软件可能就过度耦合了，应该考虑将各个部分分开。通常这样的耦合是对系统某些部分的随意复用所导致的。随意复用就是当你看着一个大的抽象类时想到"我想用这个版本的 X 方法"，其中 X 是整个抽象类的一小部分。如果你这么做了，那么最终你的代码不是仅依赖于你想要的那个小部分，而是与 X 相关联的所有部分。如果你明确了导致频繁构建失败的既不是粗心也不是糟糕的基础设施，那么是时候看看软件架构了。

现在你知道了用来缓解构建被频繁破坏的三种最基本的方法：让犯错的队友感到羞耻；添加一些基础设施；改进软件架构。这会让你暂时逃离樊笼。

KV

5.4 什么是智能

机器人不能伤害人类，也不能因为不作为而让人类受到伤害。

——艾萨克·阿西莫夫的机器人三定律第一条

在 21 世纪初期，人们很难避开三种过度宣传的技术：物联网、区块链和人工智能（AI）。到目前为止，KV 一直在避免谈论区块链，但肯定也很享受围绕它展开的各种幸灾乐祸。本书也有涉及物联网的讨论（1.2 节），或者正如另一位同事所指出的："物联网的时代安全第一！"说到人工智能，到目前为止，关于这个话题，只有一封信值得回复。

亲爱的 KV：

我们公司正在考虑将大部分分析工作交给一家声称使用"软人工智能"的公司，以获得关于从在线销售系统收集数据的一些问题的答案。管理层要求我评估这个解决方案。在整个评估过程中，我看到的是，这家公司在一套相当标准的分析模型的基础上增加了一个华而不实的界面。我认为他们真正想说的是"弱人工智能"，他们使用"软"这个词只是为了注册商标。软（或弱）人工智能和通用人工智能的真正区别是什么？

Feeling Artificially Dumb（感觉人工智障）

亲爱的 AD：

人工智能的话题每 10～20 年就会成为新闻，这个周期就是计算性能水平上一个台阶并被广泛地部署以支持某种新类型的应用的时间。在 20 世纪 80 年代，这一切都与专家系统有关。现在我们看到了远程控制（如军用无人机）和统计数据处理（搜索引擎、语音菜单等）方面的进步。

人工智能的想法已经不再新奇。事实上，我们希望与外星人见面和互动的想法已经在小说中存在了数百年。20 世纪出现的关于人工智能的想法来源众所周知，包括艾伦·图灵和艾萨克·阿西莫夫的著作。图灵的科学工作产生了现在著名的图灵测试，通过该测试可以判断一台机器的智能水平是否与人类相匹敌；阿西莫夫的科幻小说给了我们机器人三定律，这些伦理规则将被编程到机器人大脑的最底层软件中。后者对现代文化的影响是显而易见的，无论是科技文化还是大众文化，因为报纸仍在讨论与三大定律相关的计算进步。对于计算机行业的人来说，图灵测试可能比停机问题更广为人知，这让我们懊恼于怎样与想要编写"由编译器检查的编译器"的人打交道。

几乎所有人工智能领域的非专业工作都存在一个固有问题，那就是人类其实一开始就不太了解智能。现在，计算机科学家常认为他们能够理解智能，因为他们通常是"聪明"的孩子，但实际上这与理解智能没有多大关系。在对人脑是如何产生和评估想法（这可能是也可能不是智能这一概念的良好基础）的问题缺乏清晰理解的情况下，我们引入了许多替代智能，第一个就是博弈行为。

人工智能的早期挑战之一（这里说的是人工智能大类，没有加"软"或"弱"或任何其他营销流行语）是让计算机学会下棋。那么，为什么一群计算机科学家想让计算机学会下棋呢？国际象棋和其他游戏一样有一套规则，这些规则可以用代码写出来。国际象棋比许多游戏都复杂，比如井字游戏。另外，国际象棋存在足够多的可能的走法，从编写一组能够获胜的走法或策略的角度来看让计算机下棋是个有趣的行为。20 世纪 60 年代末，当计算机程序首次面对人类棋手时，所使用的机器按照现代概念来说都是原始的，无法存储大量的走法或策略。直到 1996 年，一台专门打造的计算机"深蓝"才在国际象棋比赛中击败了一位人类大师。

从那时起，硬件开始向更大的内存、更高的时钟速度和更多的内核这样的方向发展。如今，使用像手机这样的手持设备都有可能打败国际象棋大师。在国际象棋这个项目上，我们已经进行了近 50 年的人机比赛，但这是否意味着这些计算机中有任何一台是智能的？不，没有，有两个原因。第一，象棋不是智能测试，它只是对一项特定技能（下棋技巧）的考验。如果我能在国际象棋上击败一代宗师，但却不能在你让我给你递盐时满足你的要求，我是智能的吗？第二，将国际象棋视为智能测试基于一个错误的文化前提，即聪明的棋手拥有聪明的头脑，比他们周围的人更有天赋。是的，许多聪明人擅长下棋，但国际象棋或任何其他单一技能并不能证明智能的存在。

现在我们转移到现代的软人工智能与硬人工智能、弱人工智能与强人工智能或者狭义人工智能与广义人工智能等概念上来。我们现在只是简单地收获了 50 年来电子技术进步的好处，并在将统计应用于大数据集方面做了一系列小改进。事实上，人们所认为的人工智能工具的改进，在很大程度上是现在的技术可以存储大量数据的结果。

20 世纪 80 年代关于人工智能主题的论文经常假设，一旦有了几兆字节的存储空间什么就是"可能的"。如今与人交互的狭隘人工智能系统，如 Siri 和其他语音识别系统，并不智能。它们不能在我们需要时递给我们盐，但它们可以从人类的声音中识别特征，然后使用搜索系统，也就是基于在大数据集上运行的统计计算，来模拟我们向另一个人提问的场景。"嘿，正在播放的那首歌是什么？"识别单词是通过在声学模型上运行大量统计计算，然后运行另一个算法来丢弃 Hey、that、that's 等冗词，以获得"正在播放什么歌曲？"的答案。这不是智能，就像 Arthur C. Clarke 的名言："任何足够先进的科学都与魔法无异。"

以上这些都是在说，KV 不会惊讶于"软人工智能"的面具下是一个在大数据集上运行的统计系统。人工智能或其他智能仍然是哲学家——也许还有心理学家的专利。作为计算机科学家，我们可能对智能的本质有所自负，但任何精明的观察者都可以看到，在能够让机器人把盐递给我们之前，或者告诉我们在早餐吃 slug 的时候要不要放盐之前，还有很多工作要做。

KV

5.5　设计审查

完美的实现不是无可添加，而是删无可删。

——Atoine de Saint Exupery

设计审查是解决软件系统和人类系统中的大问题的一个绝妙办法。由于现在仍然由人类来设计和实现我们要使用的系统，因此设计审查是理解一个大软件的良好开端，也是对设计中发现的任何问题进行人性化修正的好方法。

设计审查几乎可以发生在项目中的任何阶段，但最好在设计完成之后进行。如果系统是没有经过正式设计而实现的，在这种情况下，设计审查仅仅是一个针对系统的事后分析，以告知后续系统的设计需要避免这种未经设计的、不断增长的混乱情况。无论在什么时候进行设计审查，都应该采用相同的结构，如下面的信件和回复中所述。

在最初的回复中没有提到的一个关键点是，好的设计审查必须总是客观的。审查的是设计而不是设计的提出者，也不是实现系统的人。人们经常使用面对面的审查会议来攻击人而不是设计，这是错误的，而且会适得其反。区别针对人的审查和不针对人的审查的一个明确方法是，观察是否有类似"是什么让你认为 x ？"以及"你为什么要实现 y ？"这样的问题，这显然是针对个人的指控。KV 之所以知道这是针对个人的指控，是因为他会在日常的谈话中说"是什么让你认为 x ？"，但不会在设计审查时这样说。表达对设计本身感兴趣的短语更应该是"你有什么数据来证明这是这两个组件之间更有效的耦合？"以及"该系统的扩展计划是什么？"。

当有书面设计材料时，设计审查的效果会更好。令人沮丧的是，KV 不得不经常问："你有这些书面材料吗？如果有的话，在哪里？"经过了这么多年后，现在我问这个问题的时候已经能够尽量不那么尖酸刻薄了。设计审查的好处是，如果设计没有被写下来，审查的笔记应该是设计文档的一个很好的开始，这意味着即使你在没有文档的情况下进入审查，你也能带着文档出来。KV 喜欢做笔记的人，因为做笔记的人就是掌控历史的人。

亲爱的 KV：

我最近被聘为中级 Web 开发人员，负责一个非常成功但已经过时的 Web 应用程序的第 2 版的开发工作。它将通过 ASP.NET Web API 实现。我们的架构师设计了一个分层架构，大致类似于网络服务 / 数据服务 / 数据访问。他指出，数据服务应该与实体框架 ORM（对象关系映射）无关，并且应该使用工作单元和存储库模式。我想我的问题就开始于此。

我们的首席开发人员已经创建了一个解决方案来实现该架构，但是该实现没有正确地应用工作单元和存储库模式。更糟糕的是，代码真的很难理解，而且它实际上并不匹配设计的架构。所以当我看到这个实现时，我觉得它充满了危险信号。我花了几乎一整个周末的时间来研究代码，但仍然无法理解透彻。

本周我们的第一次冲刺开始了，我觉得我有必要将这个问题暴露出来，并努力解决这个问题。我知道我将面临很多阻力，因为这实际上是首席开发人员编写的代码，并且比其他人更了解它。他可能看不到我试图传达的问题。我需要说服他和团队的其他人进行代码的重构或返工。我感到忧虑，因为我就像街区里试图改变游戏规则的新孩子。我也不想被人视为全知先生，无所不知，尽管有时我可能比我自己认为的更固执己见。

我的问题是，如何在不冒犯任何人的情况下，让团队相信现在的代码实现确实有问题？

Opinionated（固执己见的人）

亲爱的 Opinionated：

让我把你的信倒过来再看一遍。你在问我如何在不冒犯任何人的情况下指出问题，你读过我以前的专栏吗？让我们从 KV 的基本规则开始：只有法律和其他有害的副作用才会让我在一些会议中站在暴力的"正确"一边。我想，如果我最终站错了边，我的同行陪审团会判我无罪，但我不想拿我的自由去赌。我会尽我所能给你解决方案，不会让你坐牢，但我不保证不会冒犯他们。

试图纠正一个已经做了很多工作的人，即便那些工作不是很正确，这也是一项艰巨的任务。被质疑的人肯定认为他已经在非常努力地工作，为团队的其他成员创造了一些有价值的东西，如果其他人走进去吐口水（无论是字面上的意思还是隐喻），肯定有可能让他觉得被冒犯，至少我觉得是这样。我有点惊讶，既然这是第一次冲刺，那为什么已经写了这么多的代码？难道软件不应该在冲刺阶段确定了需要什么、利益相关者是谁等之后再开始开发吗？或者这是一部分为了解决新问题而引入的以前存在的代码？这可能没关系，因为你来信的关键是，你和你的团队没有充分理解所讨论的软件，以至于无法自如地处理它。

为了更自如地处理系统，有两件事需要做：设计审查和代码审查。这些实际上不是一回事，KV 已经介绍了如何进行代码审查 ["Kode Reviews 101." *Communications of the ACM*, 2009, 52(10): 28–29.]。现在我们来谈谈设计审查。

软件设计审查旨在回答一组基本问题：

1）设计如何将输入转化为输出？

2）系统的主要组成部分是什么？

3）组件如何协同工作来实现设计设定的目标？

这听起来很简单，但问题都出在细节层面上。许多软件开发人员和系统架构师都希望除了他们自己之外的所有人都将他们所构建的系统视为黑箱，数据输入黑箱，黑箱输出其他数据，不要问任何问题。很明显，你对正在处理的软件缺乏必要的信任，因此你应该要求进行一次设计审查，揭开盒子的盖子，查看里面的部件。事实上，问题 2 和问题 3 将是你弄清楚软件能做什么以及它是否适合这项任务的主要工具。

我面试求职者的时候，会在白板上画出框图，并询问他们一些关于他们开发过的系统的问题：系统的主要组件是什么？组件 A 如何与组件 B 对话？如果 C 故障了会怎么样？我试图将他们对软件的印象转移到我自己的脑海中。当然，整个过程既不会让我发疯，也不会有令人讨厌的回忆。有些软件你最好不要放在脑子里，希望你正在使用的系统不会让你有这样的感觉。

记住，如果你认为自己没有得到足够的细节，那么每个盒子都可以打开。这很像美国电视娱乐节目 *Let's Make a Deal*，你总是可以问："一号门后面是什么，Monty？"当然，你可能会发现一号门后面是一只山羊。在这里，我希望你会发现一号门后面是一组你和团队都能理解的工作组件。

在设计审查中不要做的一件事是把它变成代码审查。你肯定对任何算法的内部都不感兴趣，至少现在还不感兴趣。你可能想查看的唯一代码是将组件黏合在一起的 API，但即使是这些也最好是抽象的，不然这样的细节数量会多到让你不知所措。

请记住，我们的目标始终是了解全局，而不是细节，至少在设计审查中是这样的。

回到冒犯的问题，我发现只有一种合法的方法可以避免冒犯，那就是总是把事情说成是问题。这种方法被称为苏格拉底式探究法，这是一个很好的让人们向你解释也向他们自己解释他们认为自己正在做什么的方法。我们可以用一种令人恼火的迂腐方式来实现苏格拉底式探究法，但是既然你选择试图不冒犯，我建议你还是要遵守一些规则。第一，不要一上来就用一大堆问题来打击这个人。请记住，你正在尝试以协作的方式探索设计方案，而不是一场审问。第二，给你的同事留出足够的思考空间。停顿并不意味着他们不知道，事实上，这可能是他们正在试图调整他们对系统的心理模型，以便在审查完成后能满足所有人。第三，试着改变你问的问题和用词。没有人愿意被一直问"然后会发生什么？"这样的问题。

最后，当我在进行设计审查的时候，我不会做那些明显的可能会冒犯别人的事情，比如扔椅子或白板记号笔，我会尝试做一些不太明显的举动。我的个人风格是摘下眼镜，放在桌子上，用非常平静的声音说话。这通常不会引起冒犯，但它确实会引起人们的注意，这会让他们更加专注于努力理解我们都在努力解决的问题。

KV

5.6 主机的命名

等等，你给你的笔记本电脑起了个什么名字？

——几个看过 KV 的屏幕保护程序的人

除了代码外，技术人员最常遇到的挑战是命名方案。过去，KV 个人使用过一些可能有问题的命名方案，例如，我给一系列系统名称都用贬义词。至少对我来说，这种做法还是有一个好处的：容易记住。每个人都有自己喜欢的方式，但是如何选择一个最好的方法？有没有最好的办法？在这方面，KV 尝试了一些命名主机的方法。

亲爱的 KV：

最近，我们系统管理团队的两个派系之间爆发了一场关于命名下一组主机的争论。一派希望以服务命名机器，每个主机都有一个数字后缀；另一派希望继续我们当前的方案，每个主机都有一个唯一的名称，没有数字字符串。我们现在有非常多的主机，导致任何唯一的名称都变得相当长，键入起来很麻烦。最近有人提出了一个折中方案，即每个主机在我们内部的域名系统中可以有两个名称，但这似乎又过于复杂。请问如何确定主机的命名方案？

Anonymous（匿名者）

亲爱的 Anonymous：

我建议你参考 T.S. Eliot 的观点，他指出：

主机的命名是一件困难的事情，

那可不像你假日里玩个游戏；

当我告诉你一个主机必须有三个不同的名字，

一开始你可能会认为我疯了。

"The Naming of Cats"（不是主机）是 T.S. Eliot 的诗集 *Old Possum's Book of Practical Cats* 中的一首诗，其舞台改编是 Andrew Lloyd Webber 的热门音乐剧 *Cats*。这首诗向人类描述了猫是如何得名的。和前人一样，我对 Eliot 的用词做了一些修改（把"猫"换成了"主机"），扩展类比来描述主机的命名。考虑到 Eliot 去世时正好是第一台小型计算机被设计出来的时候，我认为他写诗的时候并没有想到主机名。这是一件好事，因为如果你认为两个名字不好，三个只会更糟！

主机的命名是一件非常困难的事情，它与编程风格、编辑器选择和语言偏好一样，都是计算机从业人员争论的焦点，但对世界上的任何其他人都无关紧要。更令人讨厌的是，如果你在错误的时间出现在错误的酒吧，你将不得不听着喝醉的系统管理员为命名方案而争吵，并一边喝着啤酒一边为他们在以前的公司给主机起的可爱名字而哭泣。这真是一个毁掉狂欢的好方法！

给某个事物起名字有一个简单的目的：方便人们的理解和记忆。在一个简短的示例程序中，将变量命名为 foo、bar 和 baz 会很有趣，但是你不会希望维护这样编写的 100 行代码。主机名也是如此。主机之所以有名字，是因为人们需要知道如何使用它们的服务或者维护它们，或者两者兼而有之。如果没有人类的参与，主机可以简单地通过它们的互联网地址来识别。不幸的是，主机命名是极客喜欢发挥创造力的地方。更不幸的是，极客并不总是知道创意和烦人的区别。应该有人想以《星际迷航》《星球大战》《暮光之城》或托尔金创作的系列作品中的角色来命名主机。对于托尔金，你甚至可以写一个剧本（有人可能已经这样做了）来根据他的作品生成新的名字，以防《霍比特人》《指环王》三部曲和《精灵宝钻》中的名字还不够荒谬！

每个人都有一个关于命名的恐怖故事。我的第一次是在一所大学里，那里的主机以河的名字命名。如果你能记住塞纳河的拼写，那就没有问题，但是一旦你用完了漂亮的短名字，那就会涉及 Mississippi（密西西比河）和 Dnjeper（第聂伯河）这样的长单词。当我远程登录主机时，我就在脑子里想"M-I，弯曲字母，弯曲字母，I，弯曲字母，弯曲字母，I，驼背字母，驼背字母，I"，这就是我和其他许多美国小学生一样学习拼写 Mississippi 的方法。我可以继续说下去，但这样的话我就成了之前提到的那个毁了狂欢的人。因此，我们需要一个挑选主机名的简短指南。

你日常使用的名字需要易于输入。这意味着应该没有不发声的字母，比如 Dnjeper 中的 j 就不发音，同时也不要太长，比如"thisisthehostthatjackbuilt"。

选择一个你每个同事都能念出来的名字是个好主意。随着全球化的进程，找到可以念出来的名字变得更加困难，因为有些人分不出"L"和"R"，或者理解不了你刚才是用的双"o"还是单"o"。这里的要点是应该避免选择一个有很多种发音的名字，因为这种名字难以打字录入。打字仍然比使用语音识别系统快，所以记住，这些名字必须能够打出来。

如果你要使用服务作为名字，那么就要确保你可以顺畅地替换名字后面的系统。很明显，当 mail.yourdomain.com 无法使用时，如果每个人都不得不使用 mail2.yourdomain.com 的话，他们都会感到恼火。（这个例子实际上与命名这件事无关，因为任何系统管理员都可能会构建这样的系统，但是我认为这种命名方式是不对的，所以我想在这提一下。）

不惜一切代价避免同一事物有两个不同且不相关的名字吧！事实上，在代码和主机的命名中也是如此。如果你有两个相似的服务，但你想要两个不同的名称，那么请清楚地说明如何将一个名称映射到另一个名称，然后再映射回来。以下这种情况是很令人恼火的。一个人来回问：

"嘿，我可以重启 *Fibble* 游戏吗？"

"可以。"

然后有人问：

"谁重启了邮件 1 ？"

"我不知道它是邮件 1，我以为它是 *Fibble* 游戏。"

最后，尽量避免可爱的命名。我知道给出这条建议基本上是针对假想敌的，但我不得不说，那些将他们的邮件服务器命名为男性和女性的人让我十分火大。

KV

5.7 主持面试

你能给我画一个系统的框图吗？

——任何开发职位面试中第一个严肃的问题

判断你是否对面试者满意的最好办法是什么？现在市面上有很多关于面试的书，KV 这里也有一些简单的想法，方便你作为一个面试官在 HR 分配给你的短时间内，弄清楚面试者是否真的能融会贯通地思考。

亲爱的 KV：

我的工作小组刚刚被批准可以雇佣四名新的程序员，现在我们所有人都必须通过电话或面对面来面试程序员。我讨厌面试别人。我不知道该问什么。我也注意到人们在写简历的时候，往往对事实不以为意。我们正在考虑为我们的下一轮面试者进行编程测试，因为我们意识到以前的一些候选人显然不会编程，而只会纸上谈兵。一定有技巧可以加快招聘速度，同时又不影响我们的招聘质量。

Tired of Talking and Not Coding（厌倦了只会说话不会编程的人）

亲爱的 Tired of Talking：

我更喜欢用美国海军陆战队使用的模式来评判职位候选人：击败候选人，直到对方没有剩余的个性或自尊，如果到那时候候选人仍然想为你工作，那就雇佣那个人，因为在那个时候你已经拥有了他的灵魂。不幸的是，每次我在办公室建议采取"训练营式招聘"的方式时，我们的法务部门都会歇斯底里地反对，所以至今为止我还没有实施和测试这个方法。在没有能力判断被面试者能力的情况下，你只能采用润物细无声的方法。

任何面试的真正目标都是让双方（面试官和求职者）都知道求职者是否能胜任这

项工作，是否能与团队中的其他人良好配合。有很多优秀的程序员，我永远不会雇佣他们，因为他们的性格缺陷对团队其他成员的负面影响会超过他们作为程序员产生的正面影响。我们要问自己："我如何在半小时至一小时内确定这个人是否能完成我们需要的工作？我能不能忍受他一天、一周，甚至连续几年？"在短短的一个面试中要问的问题太多了。

　　弄清楚某人是否拥有你认为工作所需的知识，可能是面试中最简单的部分。在这一点上，你并不真的需要给候选人一个编程测试，你需要做的就是问一些你最近在工作中回答过的问题。假设这个人会做你一直从事的工作，这个假设一般是成立的（程序员很少会被要求去面试会计部门的候选人）。我倾向于先从基本问题开始，你不要觉得一个资深的程序员会不屑于回答简单的问题。因为仅仅有丰富的经验并不能成为他不知道如何使用链表的借口。如果一个人有很多经验，那么他会很快地回答完毕初级的问题，然后你就可以继续问更难的问题。

　　一旦你确定这个人具备这项工作的基本知识，你就需要弄清楚他如何从更高的层面解决问题。在这一点上，我发现一个白板是面试的最佳工具。我总是让程序员面试者用框图的形式描述他们熟悉的系统。如果一个程序员或软件工程师不能把一个系统描述成一个框图，那我很可能不会雇佣那个人。一个面试者可能很聪明，可能理解他工作的系统，但如果他不能向其他人解释自己的工作，那么他的价值就不会高。

　　当一个候选人描述了一个令我满意的系统后，我总是会问这样一个问题："如果你有更多的时间，你想改变什么，或者增加什么功能？"这种开放式的问题极其重要。不能回答这个问题的人几乎就是一个机器人，只能简单地实现别人的意愿。我不喜欢和机器人一起工作，我喜欢和有思想的人一起工作，他们对自己正在构建的东西有自己的看法，并且总是想着如何扩展他们正在开发的系统。优秀的程序员明白他们的系统从来都不是真正完整的，只要他们有更多的时间，他们就可以做些别的事情。

　　虽然有些公司使用编程测试来评估候选人，但我更喜欢用两种不同的方法来达到同样的目的。很多年前，我在一家公司工作时，这家公司要求员工提交一段可以编译和运行的代码。代码需要有良好的文档记录，并且简单到可以在不到一个小时的时间内弄清楚。我更喜欢实际敲代码，而不是要求某人在纸上编写气泡排序。随着大家广泛参与开源项目，这种测试就不那么必要了，因为你通常可以搜索程序员的名字，并在某个地方看到程序员添加到开源项目中的一些代码。无论你怎么做，一定要得到一个代码样本，因为这将告诉你更多关于程序员的信息，而不是他如何在便笺簿上编程。如果你是一个偏执型的人，你会怀疑这个人是不是发表了朋友的代码，那么你可以在面试的时候详细问问他代码的事。如果这个人在骗人，那么你很快就会知道；如果这个人确实提交了一个朋友的代码，但能以自己的方式解释清楚，那么无论如何你都应该雇佣这个候选人。

我喜欢的另一种测试程序员代码的方式是提供一段以某种方式损坏的代码，并要求他们找到 bug。程序员的大部分时间都花在调试上，我非常重视调试代码和解决问题的能力，就像我重视编写代码的能力一样。即使程序员自己编写了没有 bug 的代码，当然这种情况极不可能发生，他们也要善于处理其他人的代码，要有能力快速分析别人的代码。

有些面试官喜欢出脑筋急转弯，但我觉得这些没有用，除非它们与现实世界中的编程有关。脑筋急转弯在几个方面上是失败的。一方面，一个人可以简单地记住大多数流行的脑筋急转弯。网络搜索结果显示，市面上有 2000 多本关于如何面对面试问题的书，其中一些书专门介绍软件行业。如果求职者发现你的公司是那种喜欢使用脑筋急转弯的公司，那么他们只需要在面试前准备一下，就很有可能通过面试。

避免使用脑筋急转弯方法的另一个原因是，有一些水平很高的程序员并不擅长脑筋急转弯，因此你会错过一些很合适的应聘者，因为他们在你的测试中显得不那么聪明。让我们面对现实吧，大多数程序员不会花时间去研究编程问题并试图将它们与脑筋急转弯联系起来。他们会观察问题，并试图用代码解决问题。你雇佣的是程序员，不是游戏节目的参赛者。

我意识到你最初要求用一种方法来加快招聘和面试过程。我想出了一个可以加快面试速度的建议：让候选人在来面试之前给你发代码。这一步你可以安排在电话或者视频面试之后，面对面面试之前，因为如果对方给你发的是无用的代码，你就可以放弃面试。

避免浪费时间的第二件事是，在你的一个团队成员与此人交谈后，再评估是否让该候选人继续与剩下的团队成员交流。这样可能在第一个或前两个面试官和候选人谈过之后，就把这个人淘汰了，比让整个团队都一起去面试要轻松得多。这事就像写代码一样，晚失败不如早失败。

KV

5.8　神话

九个母亲也不能在一个月内生下一个婴儿。

——Frederick P. Brooks

Brooks 博士关于软件设计和开发的经典图书《人月神话》在"Kode Vicious"专栏中出现了两次。第一次使得 Brooks 博士非常友好地提出，要用一本他亲笔签名的书代替我在大学里读过的那本。必须要说，知道他读 KV 时我很震惊，我很高兴自己有了新的签名书，我确定我不会卖掉这本去换酒。下面是两篇引用了这本经典作品的较长的那篇，KV 试图回答"你应该扔掉多少个原型？"这个问题。

亲爱的 KV：

Frederick P. Brooks 在他的《人月神话》一书中以祖父般的耐心告诫我们，要计划建造一个原型，然后扔掉它，并说你一定会这么做。

在某种层面上，这导致了一种被称为原型法（以前被称为试错法）的编程方法的流行，证明了太少和太多同样糟糕。

请问你对创建原型的看法是什么，特别是一个原型需要有多真实才能解决真正棘手的细节问题，而不是仅仅让营销部门获得屏幕截图来趾高气扬地展示？

An(A)typical Engineer（一个典型的工程师）

亲爱的 Atypical：

你说的"以前被称为试错法"是什么意思？！你是在告诉我这种方法已经不流行了吗？据我所知，它还流行得很好，尽管可能许多践行者实际上并不知道它的起源。事实上，我怀疑它的大多数践行者都说不出它的起源。

通常情况下，一条好的建议时间长了就会成为某种准则。任何事情重复次数足够多似乎都会成为事实。我相信你知道 Brooks 博士的建议意在克服计算机科学中盛行的"必须完美"的准则。在设计阶段就知道一切是一个谬论，我认为这是从数学家开始的，他们是世界上最早的程序员。如果你整天看着纸上的符号，然后只是偶尔不得不将这些符号构建到工作系统中，你就很少会意识到，当你的软件之美遇到硬件之丑时会发生什么。

基于这点，很容易看出 20 世纪 50 年代和 60 年代的程序员是如何想先在纸上写下代码的。问题是一张纸很难代替计算机。纸张没有由于铜中电子的速度、电线的长度或磁鼓（现在是磁盘，很快就会变成闪存）的速度造成的奇怪延迟。因此，在当时告诫人们只管先建造原型，不管它是什么东西，然后从原型中吸取经验教训，并将其整合到最终的系统中，这是完全有意义的。

提出这个建议以来，计算机的速度越来越快，这使得用人们在过去建造一个系统的时间，现在可以建造更大、更快、更多的原型。原型病的患者实际上是一个胆小鬼。不在沙子上画一条线是工程师或团队懦弱的表现。"这只是一个原型"经常被用作一个借口以避免系统设计中的难题。在某种程度上，这种原型所起的作用已经与 Brooks 博士所说的完全相反。建造原型的目的应该是找出难题所在，一旦发现它们，整个系统的难题也许就能迎刃而解。原型并不是营销部门用来向潜在客户展示的华丽的东西。

我对原型的看法是什么？跟对分层或将系统分解成越来越小的对象的看法一样。你应该只构建必要数量的原型，来发现和解决来自你试图构建的系统的难题。其他任何事情都只是钻牛角尖。现在，不要误解我，我和其他人一样喜欢钻牛角尖（也许更多），但我向你保证，当我钻研我的迷人藏品时所做的事情与编写软件无关。

KV

5.9 过时的程序员

也许正是这个阴影最困扰着劳动人民：人的有计划的淘汰，与他们制造的或销售的东西的有计划的淘汰是一样的。

——Studs Terkel

在自己的领域中保持学习和进步是一个重要的问题，但在本科或研究生教育中很少讨论这一点。一旦一个程序员开始工作，他们可能更多的是偶然而不是有计划地获得新技能。我们如何在工作中保持学习精神？保持学习是一生的工作，如果你做得好，你永远不会完成这项工作。

亲爱的 KV：

系统管理员面临的最大威胁是什么？这里指的不是技术威胁（安全、停机等），而是系统管理员这个职业最大的威胁是什么？

A Budding Sysadmin（一个初露头角的系统管理员）

亲爱的 Budding：

职业问题比技术问题要困难得多，因为它要求我们展望未来，尽管我可能很喜欢这样做，但我的医生一直告诉我，至少在工作时间要戒掉那些致瘾的麻醉品。

我认为你真正要问的问题是，"什么会让我过时？"这是任何领域的任何人都应该问的问题，尤其是在快速发展的技术领域。对系统管理员来说，最大的风险是过度专业化和允许他人过于狭隘地定义你的工作，还有如何证明你的价值。

当大多数人想到过度专业化时，他们想到的是工厂的工人，他们当然是被当成专业化人才来培养的，这样他们就可以在他们从事的任何生产方式中成为更好的齿轮。当他工作的机器被替换了，或者更有可能的是他被解雇了，一个更便宜、更年轻的工人被请来替代他时，一项工作做了 10 年的流水线工人将不得不再次接受培训。因为目前的收入或目前的社会阶层而认为自己不会受到这类问题的影响，可能是一个可以终结职业生涯的错误。

在一个快速发展的领域，过度专业化对任何人来说都是一种风险，在这个领域里，一些曾经被高度重视的技能可能在下周就会被自动化。我甚至可以说，技能越有价值，就越有可能被自动化，因为你的雇主想减少这些技能的开支，这样他们就可以与他们的老板达成共识，获得更大的利润。我一直觉得在你的领域中有广泛的兴趣并且有不止一个可以专攻的领域是一个好主意。这样的话，即使你的某个特定专业突然被淘汰，那么你还有其他的技能可以糊口。

如何知道你是否过度专业化呢？最明显的迹象是，你的工作是一遍又一遍地重复同一项任务，而这项任务是由别人设计和规定的。如果你的工作是配置系统，但不包括决定如何配置它们，那么你肯定有风险。在某个时候，配置部分的重复过程终将会自动化，如果你还没有成为配置架构师，那么你会发现自己需要寻找新的工作。这个问题不一定与级别有关，但与工作范围有关。如果你没有足够的空间来做决定，那么你就只是一个被别人使用的工具，而工具是随时会被取代的。

避免过度专业化并不难，但肯定需要你的努力。你要做到对你的整个学科产生广泛的兴趣，阅读书籍、参加会议和辅导。关键是要仔细选择你的领域，尽可能多地去接触各方面的知识。我最喜欢的策略是查看一份书单、会议或课程的清单，从中选择一个自己最不了解的。如果你发现自己的感觉是"X 对我没有任何用处"，那么你最好确保你非常了解这个话题，不要马上放弃它。

过度专业化的另一方面风险出现在别人定义你的角色时。所有企业，尤其是大型企业，都希望将员工放入定义明确的框架中，以便轻松地计算他们的工资和福利。然而画这些方框的人很少理解什么是系统管理员或他们是做什么的。

绘制这些方框的常见方式是，绘制的人在网上搜索一些术语，其中许多已经过时了，然后绘制一个方框，并在其中写上你的名字。如果你抱怨这种待遇，那么你就会很幸运地被他们要求自己去定义自己的角色，为他们工作。我劝你不要把自己的角色定义为"可以完成工作的上帝"。尽管这可能是事实，但是没人喜欢你说这种话。在这一点上，你需要考虑你做的是什么，要是具有创造性的、基于思想的、与公司相关的。如果把自己的角色定义为重复性的、过度专业化的、容易被取代的，就太容易束缚自己了（见前面的讨论）。

这里先简单说一下架构师。在过去的 10 年里，我们非常流行授予资深个人贡献者架构师的头衔。但是很抱歉，架构师设计的是建筑，不是软件，不是系统，也不是网络。在我工作的团队中，获得这个头衔是一种幽默而不是一种骄傲，这就是 KV 喜欢合作的那种团队。我发现选择管理阶梯的语言很容易，比如初级 X、高级 X、总监级 X 或者 X 副总裁。如果你想指出你没有管理任何人，那就强调技术，比如高级技术网络专家。专家是另一个很好的通用词，表示你有一个已定义的角色，但这个角色尚且没有被严格定义。

我想谈的最后一个方面是如何向你工作的组织证明你的价值。任何现场或者系统管理人员都属于这一类——负责日常工作的顺利开展，但从一开始就会面临两个重大障碍。

第一个障碍是，人们期望事情"正常运转"，却不知道如何保持一套系统的运转，使它们随时可用。人们唯一注意到你或你的团队的时候是某些东西发生故障的时候。然后他们突然举起双臂，尖叫着说怎么不能上网（他们可能在那里浪费时间而不是工作）了，或者他们的特定应用程序坏了，等等。我很确定你已经经历过这个问题，即使是作为一个初露头角的系统管理员。当然，随机拔下网线，等待电话铃响然后再把网线插回去，可能是一种有趣的确保人们能够了解你的工作价值的方式，但即使是我也不真正推荐你采用这种做法。

在系统管理领域遭遇的第二个障碍是，企业中的大多数人没有正确认识到你的工作的价值。程序员和工程师经常因为让他们的代码工作并把项目（无论是什么）推到市面上而获得荣誉，但是系统管理员在这中间所起的作用却很少被认可，甚至程序员自己也很少认可，他们经常会想，"他们到底是谁？"并瞧不起"支持"团体，比如系统管理员。这种情形就像豪车司机抱怨修路工人。开车需要一条路，你应该感谢好的路况。当使用你的系统的人得到好的服务时，他们应该心存感激，但通常他们没有。

这两个障碍的解决方法大致相同：沟通交流。尽管沟通至关重要，但这些不应该是用户从系统管理员了解到的唯一事情。每当新系统上线或新服务成功推出时，这一事实也应该被注意到，而且不是以人力资源部门经常青睐的那种令人毛骨悚然的甜言蜜语的方式。毕竟，你不是在庆祝小安妮的生日，而是在告诉你的用户他们的工作变得更容易了。很有必要写一封简单的电子邮件，清楚地说明改变了什么，为什么系统变得更好了。

如果你能对广泛的主题保持兴趣和求知欲，帮助定义你自己的角色，并向你的用户传达你是做什么的，以及为什么你的工作对他们的日常生活很重要，你肯定会降低自己被淘汰的风险。所有这些建议适用于技术领域的所有人。现在，我的密码是什么来着？

KV

5.10　拥有强大的力量

巨大的权力必然意味着巨大的责任。

——William Lamb，英国前首相，1817

天真的人们认为，他们需要在任何时候都能完全控制一个系统才能完成他们的工作，但是当涉及安全性时，实际上可能与他们想要的相反。和我共事过的最好的安全人员都知道，如果你控制了一个系统，你就要为它负责，责任是需要认真对待的事情。KV 以逃避这种责任为职业，因为如果说我们从政治中学到了什么，那就是我们真正想要的是似是而非的推诿。KV 通常会拒绝持有任何人的系统密钥，原因将在下一封信和回复中列出。

亲爱的 KV：

我在一个非常开放的环境中工作，我所说的开放是指许多人都可以成为我们服务器上的 Root 用户，这样他们就可以在事务中断时进行修复。公司刚成立的时候，所有的工作只有我们几个人做，如果服务器宕机或者某个进程卡死了，不同职责的人都要出来帮忙。那是几年前的事了，但现在仍有许多人拥有 Root 权限，有些是因为遗留问题，有些是因为他们太重要而无法限制。问题是这些遗留用户中有一个坚持想要以 Root 身份做几乎所有的事情，事实上他只使用 sudo 命令来执行 sudo su -。每次我需要调试这个人工作过的系统时，我都会进行一次两到四个小时的日志探测，因为他也不会记录他所做的事情，当他完成时，他只是简单地报告说："已经修复了。"我想你会同意这是一种令人抓狂的行为。

Routed by Root（被 Root 用户打败）

亲爱的 Routed：

你所面临的更多的是一个文化问题，而不是技术问题，因为正如你在信中所提出的，允许用户对系统进行可审计的 Root 权限访问是有技术解决方案的。很少有人或组织希望以军事安全级别运行他们的系统，而且在很大程度上，他们是对的，因为这些类型的系统涉及大量矫枉过正的东西，并且正如我们最近所看到的，它们非常安全但仍然无法工作。

在大多数环境中，只允许绝大多数员工访问自己的文件和数据就足够了，然后让少数真正需要 Root 权限的员工能够拥有更广泛的权限。但这些受信任的少数人也不能被授予对系统的全面权限，而应该同样被授予有限的访问权限，这样当他们使用像 sudo 这样的系统命令时是非常简单的。运行任何一个程序的权限都可以由用户或组列入白名单，拥有一个短的白名单是保护系统的最好方法。

现在我们来谈谈你关于日志的观点，这实际上是关于可审计性的。许多人不喜欢自己的行为被记入日志，因为他们认为这就像监视，事实证明，大多数人不喜欢被监视。任何处于被信任地位的人都应该明白，信任需要得到验证才能维持，而日志记录是维持一群人之间的信任的一种方式。日志也是回答"谁对谁做了什么，什么时候做的"这个古老问题的一种方式，事实上，在你第一次尝试使用 sudo 时，它输出的信息中都有暗示：

```
We trust you have received the usual lecture from the local
System Administrator. It usually boils down to these three
things:
    — Respect the privacy of others.
    — Think before you type.
    — With great power comes great responsibility.
```

大多数人都记得第三项是漫画《蜘蛛侠》中的一句话，虽然它比那要古老得多，但 Stan Lee 的版本在这种情况下是恰当的。UNIX 系统中的 Root 用户可以做任何事，不管是恶意的，还是在键入时没有充分思考的。通常，让系统回到工作状态的唯一方法是找出拥有 Root 权限的用户对它做了什么，唯一有机会做到这一点的前提是这些操作被记录在了某个地方。

如果我是这个人的经理，我要么完全取消他的 sudo 权限，直到他学会如何与别人良好合作，要么就解雇他。没有人会对公司有用到被允许在没有监督的情况下扮演上帝。

KV

5.11　信

我们不在乎。我们没必要。我们是电话公司。

——Lily Tomlin 扮演的 Ernestine

"我们丢失了你的数据"在我们大多数人看来是很常见的垃圾邮件，除非我们认为可以对那个公司提起集体诉讼。然而，对于那些在计算机安全领域工作的人来说，这些信件涵盖了从幽默（尽管变得有点幸灾乐祸）到有教育意义的整个过程。截至目前，我们已经有能力开设一门完整的一学期计算机安全课程，学生们每星期都必须阅读一封道歉信，然后努力找出安全问题的根本原因，而不是仅限于阅读一篇高质量的研究论文。

下面的信件和回复涵盖了一个具体的、潜在的安全问题，随着数据泄露率的持续上升，敷衍的道歉信正在满天飞，掩盖了那些每天都在收集和使用数据的公司实际对数据保护缺乏关注的事实。正是这种对个人信息满不在乎的态度导致了《通用数据保护条例》（GDPR）的诞生，这是有史以来颁布的最全面的数据隐私立法之一。GDPR 是在欧洲颁布的，有些人可能会嘲讽说，它旨在削弱在美国好似个人数据隐私真空的公司的霸权，如脸书、苹果、亚马逊、网飞和谷歌，这些公司最终形成了非常合适的首字母缩略词"FAANG"。GDPR 肯定存在某种程度的反美主义，但总的来说，这个想法并没有错。唯一大到足以让 FAANG 或其他大公司对其数据隐私行为负责的实体只有政府——通过立法。我们需要明确的一点是，在这个舞台上，任何一方都不具备美德典范。当然，能被视为有美德的人确实少之又少，但不可否认的是，允许公司自我监管是一个灾难性的失败。当公司被允许自我监管时，它们只会隐藏违规行为，直到一些内部人士将问题泄露给媒体。公司对 GDPR 的反应是，投入巨资将大量工时外包出去，以确保在被发现时能够保护自己。数据隐私法的真正考验将是它是否能减少我们未来几年收到的道歉信的数量。

亲爱的读者们：

我最近收到一封信，一家公司通知我，他们已经暴露了我的一些个人信息。虽然现在个人数据被盗的情况很普遍，但这封信仍然让我感到惊讶，因为它很好地指出了泄露数据的公司系统中的两个主要缺陷。我将在这里插入三个有启发性的段落，然后讨论它们实际上能教给我们什么：

"自称是黑客的人编写了软件代码，随机生成模拟美国电话电报公司用于 iPad 的 SIM 卡序列号的数字，也就是集成电路卡标识（ICC-ID），并反复查询美国电话电报公司的一个网址。"

这一段简直把我惊呆了，我不禁哈哈大笑。面对现实吧，我们都知道笑比哭好。除非这些"自称是黑客的人"使用僵尸网络攻击网页，否则他们就应该来自一个或少数几个 IP 地址。在这个时代，谁不根据源 IP 地址对访问其网站的请求进行速率限制？很明显我们知道有一家公司没有。很简单：如果你公开了一个 API，当处理网络时，一个网址就是一个 API，那么就会有人调用这个 API，而且这个人可能在世界的任何地方。

一家大公司这样做，基本上是在乞求自己的系统被滥用：这不像你没锁门，而是像银行让你在 ATM 机上试 100 万次猜你的密码。如果有足够的时间（计算机有很多时间），你最终会猜对的。这就是为什么 ATM 机不让你猜一百万次密码！好吧，在这种情况下，公司不会直接赔钱，但它肯定会失去很多客户的信任，更重要的是，失去可能的未来客户。有时候，品牌形象受损远比直接的财务损失更严重。

现在我们进入下一段，该公司承认对自己的系统没有适当的控制：

"几个小时内，美国电话电报公司禁用了自动填充电子邮件地址的机制。现在，身份验证页面登录界面要求用户输入他们的电子邮件地址和密码。"

"几个小时内？"你说真的吗？此时我笑得肚子痛，我的另一半问我怎么了，因为我看邮件的时候很少笑。这一段的问题在于总是能终止你运行的任何服务，并能够快速回滚。事实上，这是许多 Web 2.0、1.0 甚至 0.1 的支持者提出的论点：与打包软件的发布周期以周和月为单位不同，Web 允许公司在瞬间推出变更版本。在地质年代划分中，几个小时可能是一瞬间，但当有人滥用你的系统时，几个小时就是很长的时间——似乎长到足以获得几十万个电子邮件地址。

最后，在下一段中，我们发现美国电话电报公司的某个人实际上了解客户面临的风险：

"虽然攻击仅限于电子邮件地址和 ICC-ID 数据，但我们鼓励你警惕可能试图使用此信息获取其他数据或向你发送垃圾邮件的骗局。你可以在 www.att.com/safety 了解有关网络钓鱼的更多信息。"

不知何故，我想象着一个陷入困境的安全专家不得不谨慎地向拿着高薪的董事和副总裁解释公司正在让用户面临的风险。大多数人现在认为"电子邮件地址，没什么大不了的，俯拾皆是"，但当然，钓鱼攻击得基于对你的了解，比如你的新玩具的硬件 ID，这是最常见的骗局之一。

所以，一些简单的经验教训是：限制你的 Web API 的速率，设置 kill 开关来防止滥用，有能力快速推出变更版本，并且记得雇佣可以像坏人一样思考的诚实的人，因为他们是了解风险的人。

还有一件事是肯定的，这封信是保密的。

KV

5.12　标签

太初有道，道与……

——The Ticket That Exploded，William S. Burroughs

支持软件开发的系统通常是使用起来最糟糕的系统，这体现了我们这些编写软件的人面对的一些深刻和令人不安的问题。标签系统遭到了最糟糕的滥用，大多数开发人员断言"它们都很糟糕"。事实上，我们大多数人的工作中都涉及标签系统，但要让人们有效地使用它们，这需要一点额外的魔力。

亲爱的 KV：

　　你有没有注意到，当你向标签系统提交一条标签注释时，从来没有人看过？他们只是发电子邮件、打电话，或者路过你的办公桌时顺便问你关于标签的事情，你很快就痛苦地发现，他们没有读你写的东西，也许只读了概要？你是怎么与这样的人打交道的？

Ticked off at Tickets（在标签上很生气）

亲爱的 Ticked：

　　我怎么和这样的人打交道？嗯，我的桌子旁边有一把特殊的椅子，当他们坐在椅子上时，大约有 1000 伏的交流电会通过他们的身体。我是从一部老的《007》电影中得到这个主意的。问题是，我找不到保洁人员处理尸体，只好自己动手了，臭气熏天！

　　好吧，坦白说，我在工作中不会真的电死人。然而，当那些明显有阅读能力的人根本不花时间去读时，我确实会感到惊讶。使用标签系统是为了简化工作，而他们的愚蠢和懒惰几乎毁了这种简化作用。他们似乎也会在错误的时间打断你，有点像那些总是在你已经吃饱的时候问你吃得怎么样的服务员。

我承认，我在和这样的人打交道时，语气相当讽刺。最近，我接到了一个技术支持电话，工作人员正在为我修理一台计算机。当打电话的人很明显没有读过前一位技术人员留下的备注时，我开始非常缓慢、非常平静地说话，并用很短的语言重复了一下之前发生的事情。然后，我结束了描述，用一种只能称之为冰冷的声音问道："现在你写下来了吗？"

我最喜欢的关于这种现象的例子涉及一个一起工作过的技术支持人员，他负责的是一个特别难对付的客户。我们开发的产品是一个操作系统，系统集成商将在构建他们的产品时对其进行扩展。客户会被分配给各个客户支持代表，这个代表有一个很大的客户。有些有毛病的客户永远不会阅读手册，但会打电话给技术支持工程师，有时一天不止一次，并提出手册中已有明确答案的简单问题。

一天，技术支持工程师敲着他办公室的门，我们都听到他在说："你有手册的第 X 卷吗？有？很好。请翻到第 Y 页。现在和我一起读……"他让客户和他一起阅读手册。我不确定这是否满足了客户的要求，但这个行为治愈了我们，我们所有人都开怀大笑。

我认为当人们忽视你的标签时，你能做的最好的事情就是非常礼貌地问："你看标签了吗？"如果这种情况继续发生，那么你的礼貌标准可以从"你读过我写的东西吗"下降到"你能读一下吗"，不过，我一般不会使用最后那个大招，因为使用之后估计你们就老死不相往来了。

KV

5.13　螺丝刀和锤子

没有什么比临时入侵更永久的了。

——Kyle Simpson

过度依赖某个特定的工具，即使这个工具在我们的工作中不再有效，甚至是有害的，这是一个常见的问题。对特定工具或方法的依赖会使我们变得盲目，比如像使用锤子那样使用螺丝刀。开个玩笑，对于我们来说，对每一项工作使用最合适的工具是很重要的，不管那个工具是语言、bug 跟踪器或者版本控制系统，甚至是开发方法论。好的木匠不会用螺丝刀来钉钉子，就像好的程序员不会用 COBOL 来进行嵌入式系统编程一样。

亲爱的 KV：

我的雇主最近在网络上部署了一个对网络流量变化非常敏感的系统。尽管我们的团队已经知道网络上的负载量可能会导致这个特定应用程序出现问题，但还是决定部署该软件，看看在生产中会发生什么。正如你所能想象的，大多数时候事情都很顺利，但是偶尔这个闪亮的软件会彻底故障，通常是因为随机的错误配置或者因为另一个应用程序正在滥用网络资源，我们因此收到了很多愤怒的电子邮件并受到指责。此时，我们没有办法回头，并且生活在对下一次还有人在网络中添加新应用程序的恐惧中。有很多方法可以解决这些问题，但是人们似乎不愿意做必要的工作，只对让我们小组"去修改代码"感兴趣。当然，我们可以修补和破解代码来解决网络中的临时问题，但这并不能真正解决问题。为什么人们很难理解自己在错误地使用工具？

Wrong Way Round（错误的方式）

亲爱的 Wrong Way：

每当我看到有人拿着一个工具做错误的工作时，我总是想起螺丝刀的故事。螺丝刀可以用来拧螺丝，但是也可以把螺丝刀转过去，用手柄当锤子来钉钉子。当然，这样做意味着你有戳到眼睛的风险，但是如果你说，"我只需要钉这一颗钉子，我相信这会没事的。"这就可以了，直到有一天进行不下去为止。软件比螺丝刀更具延展性，比物理工具更容易出现这种扩展问题。

在这种情况下，有几种方法可以表达你的观点。一种是简单地把代码搞崩，看着人们受苦。我建议你在那时不要发出邪恶的笑声，那会让你暴露的。虽然这是一个令人愉快的幻想，但在工作环境中并不实用。你的公司可能有不得已的理由让你使用令人不爽的代码，你要做的是竭尽所能地修正代码，让它变得可用。

你可以试着向一个人而不是一群人解释软件是如何工作的，以及软件的局限，而不是尖叫、咯咯笑或揪着别人的头发不放。如果你能找到另一个理解这个问题的人，会在两个方面对你有益。第一，让你不那么抓狂，没有什么比得不到理解与共鸣更糟糕的了；第二，有助于让别人相信你的立场是正确的。如果有人在背后支持你的想法，那么也许你就可以说服当权者在设计参数范围内正确使用系统。就算做不到这一点，当系统再次崩溃的时候，至少会有一个人陪你一起喝啤酒。

像计算机行业中的许多问题一样，螺丝刀问题是人的问题，而不是技术问题，因此它需要一个针对人的解决方案。

KV

5.14　安全审查

这个系统太复杂了，没有架构可言。

——在约 2004 年进行的一次安全回顾中一家大公司的工程师

出于各种原因，在技术领域，安全这个词已经成为我们所有人爱恨交加的词汇之一。一方面，现在大家都很清楚，几乎所有的软件系统在某种程度上都是不安全的，而且肯定达不到物理安全的标准。另一方面，它经常被用来回应那些令人不解的决定：为什么我的承包商不能访问源代码？因为安全需要！为什么我必须经历三个步骤才能阅读我们的内部文档？因为安全需要！

抛开那些围绕计算机安全的不可思议的大肆宣传，我们来看看更实际和实用的问题，即如何评估系统的安全性，这才是问题的关键。虽然"高级持续威胁"和"暗网"这些术语可能会让那些对计算机或网络安全几乎没有实战经验的人不寒而栗，但真正的工作并不像所宣扬的那么高端，仍然是大多数人需要做但往往做不到的苦差事，目的是确保现实世界系统的安全。一个人真正可以做的保护系统的三项工作可以归结为更新、工具和审查。在下一封信和回复讨论审查部分时，我来讲讲前两项：更新和工具。

到目前为止，世界上经常被利用的计算机安全缺陷都是基于已经在系统中发现并经常被修复的 bug 的。问题不仅在于缺陷本身，还在于即使有已知的补丁，大量已安装系统还是没有应用它们。在物理世界中，这相当于汽车公司承认你的刹车有问题并发出了召回通知，但你太忙了，根本没有时间去修理刹车。因为计算机系统及其故障通常在我们看不见的地方，所以在遇到计算机安全问题时，不会像在十字路口看到金属碎片那样直观。这种不容易被看到的特性意味着问题很容易被忽视。有时人们会找到另一个不更新系统的理由，比如一个部分的更新可能会损坏另一个部分。由于对计算机系统的脆弱性的强调是贯穿全书的一个主题，我在这里就不赘述了，但这是拒绝软件更新的最常见的借口，即如果我们更新操作系统或一些库，系统上的其他一些程序将会崩溃。事实上，针对大量计算机安全问题的最佳防护措施是在软件更新可用时立即对其进行跟踪和应用。更新的问题现在已经成为计算机安全中的一个旷日持久的难题，导致了现在很多系统不给用户是否更新软件的选择。不管用户是否需要它们，它们都被粗暴地安装上，有时候用户甚至都不知道系统已经更新。作为一个认为用户的意愿不应该被违背的程序员，并且既是用户也是开发者，我认为即使是为了安全问题，强制更新的想法也特别令人恼火。唉，历史一次又一次地表明，允许人们自己决定什么时候更新他们的软件是一个失败的游戏。

从程序员的角度来看，我们应对安全问题的最佳防线是始终编写完美的软件，没有 bug，并且在完美的安全性下进行设计。一旦你停止大笑……这并不是说我们不应该为了安全去设计和实现我们的系统，但很明显，尽管几十年来成千上万的人尽了最大努力，但仅仅通过使用更好的实践就能拥有安全系统的想法是可笑的，我们需要部署其他技术措施来解决这个问题。在良好的架构和编程实践之后，工具应该是我们抵御软件安全问题的下一道防线。静态分析和运行时分析工具是防御 bug 的下一道有用的防线，由于大多数计算机安全问题都是由 bug 引起的，因此使用 bug 扫描工具来发现和消除软件中的安全问题是合理的。像任何软件一样，安全分析工具的质量各不相同，需要我们花费大量的时间来学习和正确使用。一个常见的失败案例是这样的，使用外购的工具扫描软件产品后，得到大量的误报，导致相关的程序员认为工具有问题，他们并不需要用这个工具来扫描软件。了解静态分析器的工作原理的人都知道，它会抛出假阳性和假阴性的结果，并且需要针对被扫描的软件进行调优。这些系统在调优之后才真正具备优势，因为它可以每晚或每周对庞大的、不断变化的代码库进行扫描，并且更容易查明潜在的 bug，这些 bug 可能是未来的安全隐患。如果有更多的人花时间去做正确的事情，他们会在晚上睡得更舒服一些，或者，像 KV 一样在下午睡得更舒服一些。

更新和工具是一个好的安全策略的两个分支，信中和随后的回复中对第一个分支的讨论是我多年来看到的最有成效的。安全审查，像设计审查和代码审查一样，让把人的因素和人的智能带入计算机安全问题成为可能。好的安全审查总是会暴露出隐藏在设计者和开发人员头脑中的问题，就像愚人花招（见第 5.21 节）能让一个程序员通过大声讨论来发现一个 bug 一样。被迫向别人解释你的系统和系统的安全性能够让你进一步剖析自己的设想，不仅仅是面向审查团队，也是面向你自己，这种自我发现通常可以帮助你找到出错之处和安全性薄弱的地方。

亲爱的 KV：

　　我正在做一个被咨询公司选中的外部安全审查的项目。他们要求提供很多信息，但没有向我解释明白这个过程。我分不清这应该是个什么样的审查——笔头（渗透）测试还是别的什么。我不想质疑他们的专业性，但在我看来他们要求提供的东西似乎都是错的。我应该把他们引向正确的方向，还是只是低着头忍住不笑？

Reviewed（审查）

亲爱的 Reviewed：

　　我不得不说，我不喜欢低着头忍住不笑，或者代表别人做任何事情，你可能在写这封信之前就知道了。许多安全领域的从业者在思维上既不像 KV 希望的那样有条理，也不像 KV 希望的那样有独创性。事实上，这个现象不仅仅出现在安全领域，但这里我把评价仅限于这个主题。

　　总的来说，安全审查有两大类：白盒和黑盒。在白盒审查中，攻击者几乎可以完全访问代码、设计文档和其他信息，这会让他们更容易设计和实施成功的攻击。在黑盒审查或测试中，攻击者只能以普通用户或消费者的方式查看系统。

　　想象一下，你正在攻击一个消费设备，例如手机。在白盒的情况下，你有设备、代码、设计文档，以及开发团队在构建手机时想到的所有其他东西；在黑盒的情况下，你只有手机本身。渗透测试的想法目前在安全圈中很受推崇，但坦率地说，这只是一个对系统的黑盒测试。事实上，任何安全测试或审查的目的都是弄清楚攻击者是否能够对系统进行成功的攻击。

　　确定什么是成功的攻击需要安全测试人员像攻击者一样思考，这是 KV 觉得比较容易的技巧，因为在内心里我是一个很可怕的人，第一个念头就是"我怎么破解这个系统"。由于软件的质量出人意料的差，而且软件产品中的模块数量越来越多，因此安全测试通常非常容易。套用温伯格第二定律："如果建筑师像程序员构建程序那样设计建筑，那么第一只到来的啄木鸟就会毁灭整个文明。"安全工作难就难在将攻击限制在最重要的部分，并避开那些稍有头绪的程序员，因为这些程序员至少能够构建可以抵抗最常见的脚本小子的攻击的系统。

　　你的信似乎暗示你的外部审查者对白盒审查感兴趣，因为他们要求大量的信息，而不是仅仅从表面上观察你的系统并试图入侵它。对白盒安全审查抱有很高的期待，对于曾经参与过设计审查的人来说都不应该感到惊讶，因为这两个过程极其相似。审查以自上而下的方式进行，审查者要求提供系统的全面描述，最好以设计文档的形式（看在上帝的份上，请准备一份设计文档），或者可以通过一系列会议提取同样的信息，当然这个过程很痛苦。在没有设计文档的情况下，在审查会议中提取设计方案要花费更长的时间，这项工作同样和设计审查类似。首先，房间里必须有很多咖啡。需要多少呢？每人至少一壶，如果 KV 也在房间里，给他两壶。咖啡放好后，还需要一块至少两米长的大白板。

然后是典型的询问：高级特性是什么？系统由多少个不同的程序组成？它们叫什么名字？它们如何通信？对于每个程序，其主要模块是什么？ KV 曾经在一个软件设计师用命名框填满了一块四米长的白板后问他："把所有这些组合在一起的架构是什么？"他的回答是："这个系统太复杂了，没有架构可言。"接下来的声音是 KV 的眼镜在桌子上发出的咔嗒声和一声非常沉重的叹息。不用说，那个软件漏洞百出，很多都与安全有关。KV 并不是每天都想在中午把咖啡换成杜松子酒，但也有这样的时候。

优秀的审查员会为每个程序或子系统准备一份最基本的问题清单，但不会过于具体。安全审查是一种探索，是一种"洞穴探险"，在这个过程中，你要深入软件中那些肮脏的、不受人喜爱的角落。过于具体的清单总是会遗漏重要的问题。相反，应该从宽泛的方面开始，然后随着感兴趣的问题的出现而变得更加具体——相信我，问题总会出现的。

当发现问题时，应该将其记录下来，尽管可能不是以一种易于携带的形式，因为你永远不知道还有谁在阅读你的标签系统。你必须设定进入系统后才可以读取这些 bug。如果不这样做的话，假设公司内部有一两个坏人（哪家公司没有坏人呢），他们在"Security P1"上进行搜索，就可以带着很多能够针对你的系统进行零日攻击的素材离开。

描述完系统及其模块后，下一步就是查看模块 API（应用程序编程接口）。通过查看 API，你可以了解系统及其安全性的很多信息，尽管有些是永远无法忽视的。这可能会造成相当大的创伤，但必须这样做。

当然，必须对 API 进行检查，因为它们显示了正在传递的数据以及如何处理这些数据。有一些安全扫描工具可用于此类工作，这些工具可用于指导你对哪些地方进行代码审查，但如果你有任何安全方面的能力或直觉，最好还是自己抽查 API。

最后，我们来看下代码审查。任何想从代码审查开始的审查者都应该立即被解雇。代码实际上应该是最后一个被审查的东西——原因很多，其中最重要的原因是安全审查团队没有时间完成具有足够深度的代码审查，除非安全审查团队的规模比开发团队还大。

代码审查必须有针对性，必须深入研究真正重要的事情。前面的所有步骤已经告诉了审查者什么是真正重要的，因此，他们应该要求查看系统中大约 10% 的代码（希望更少）。对代码的广泛检查应该由前面提到的代码扫描工具自动执行，包括静态分析。静态分析工具应该能够识别审查遗漏的重点，然后人们必须回到代码的黑暗角落再去探索。

审查完成后，你应该会看到一些输出结果，包括摘要和详细报告、描述问题和缓解措施的 bug 跟踪标签（所有这些都要防止被窥探）。此外，最好有质量保证团队可以使用的一套测试，以验证已识别的安全问题已得到修复，并且不会在以后版本的代码中再次出现。这是一个漫长的过程，充满了破碎的心灵和咖啡杯，但如果审核人员能做到有条不紊、思维新颖，这个过程是可以完成的。

KV

5.15 勿忘初心

我还是去"搬砖"吧，每个人都需要"砖"。

——佚名

当一个人很久没有编程之后，如何克服阻碍重拾编程这项技能呢？正如 KV 在下面的信件和回复中指出的那样，你最好的选择可能是压根不要专门去考虑这件事。编程的魅力是众所周知的：名利双收，而且知道如何让计算机按照你的意愿行事对于异性可能也有非常大的吸引力。和大多数事情一样，编程需要学习和实践，这里真正问的问题不是如何找到工作，而是如何重新回到编程实践中来。

亲爱的 KV：

我是一名信息技术顾问 / 承包商。我主要从事网络（拥有 CCNA 证书）和微软操作系统（拥有 MCSE 证书）方面的工作。我做这项工作已经 8 年多了。不幸的是，我开始感到厌倦，生活中的工作满足感越来越少。

我的问题是：我该如何重拾编程这项技能？我说"重拾"是因为我有一些编程经验。高中时，我学过两堂 Applesoft BASIC（我知道这门编程语言很古老）编程课。我喜欢它，考试成绩也很好，并且是当时老师见过的最好的编程学生。这提高了我对计算机科学的兴趣，让我选择了在大学里面继续学习这门专业。

在大学里，我选修了 C++、Java 和网络开发（HTML、XHTML、JavaScript）课程。我学得很好，也很开心。出于各种原因，我最终离开了大学并成为一名网络管理员，在过去的 8 年里，我一直在做这做那，基本所有事情都与信息技术相关。但我一直没有编程。我的编程工作经验仅限于 MS Excel 中的宏和 MS Access 中的基本 VB 编程。

那么，我该如何开始成为一名程序员呢？ Visual Studio 2005 ？ Java ？ Eclipse ？

我喜欢自学，而且发现获得证书能让我"踏入门槛"。有没有什么特别的认证体系可以让我通过考证来开始我的新职业生涯？

先谢了。

Jonesing for a Job（渴望工作）

亲爱的 Jonesing：

等等，你工作做得太好了，以至于觉得无聊？为什么不去打高尔夫球或画画呢？或者从网上下载更多的"内容"？你究竟为什么要放弃一份你熟悉的工作，而去做一名程序员？到底是什么吸引了你？难道你不知道程序员花了很长时间在最后期限前完成不可能完成的工作，却是为了让一群有钱人变得更富有吗？

好吧，如果你已经走到了这一步，那么我想也许我应该先回答你的问题。当然，有多少程序员这个问题就有多少答案。如何着手从事编程工作取决于几件事。第一件事是确定"你喜欢做什么"。如果你不喜欢的话，努力学习一门语言或一个系统是没有意义的，你最终还是会回到你现在的状况，想去做些别的事情。找到你喜欢解决的问题，然后看看它们如今是如何被解决的，看看这是不是你喜欢做的事情。既然你说你已经有了计算机学科的背景，并且已经会一些编程语言，我觉得就没有必要再去考什么特殊的证书了。我从来不觉得大多数证书有什么意义，因为它们只能证明你能通过考试，并不能证明你能思考问题，而后者才是更重要的技能。我认为你现在也不用担心要使用哪套工具，因为还有其他事情要做，比如第二件。

第二件事就是选中一个项目。对我来说，除非项目中正好有我想学的内容，否则我什么也学不到。试着选择一些你认为自己真正能做到的事情。"编写一个操作系统"虽然是一个有趣的目标，而且实际上也有可能做到，但它可能不是一个正确的起点。参与开源项目，如 FreeBSD、Apache 或 Open Office，可能是另一种入门方式。找到一些你需要经常使用或处理的东西，并尝试扩展或修复它。大多数开源项目都有一长串公开的 bug，挑选其中的几个，并尝试修复它们，然后将补丁提交给维护人员。

最后一件事是，抓住一切机会了解新领域。这并不意味着要自己或者说服你的雇主花很多钱让你去参加培训和会议。当然，如果你找到一个在夏威夷开办的课程，你的雇主也愿意送你去，那我也不反对，但我还是不能称之为学习。你应该做的是找到覆盖你新发现的专业领域的期刊、杂志和网站，并定期阅读。

一旦你认为自己有能力开启新的职业生涯了，先考虑一些入门级的职位并尝试去申请，这些职位会让你学到更多。做好降薪的准备，因为从拥有 8 年工作经验的网络管理工作转到初级编程工作不太可能获得经济上的巨大提升，但你这样做是为了乐趣和挑战，对吗？

KV

5.16 开源许可证

GNU 通用公共许可证（General Public License，GPL）不是为开源而设计的。
——Richard M. Stallman

像大多数科学一样，计算机科学一直有着很高的志愿服务水平及商业抱负。虽然现在也一直存在争议，但早在"开源"这个术语被定义之前，程序员们以多种方式和媒介编写与共享代码。早期的微型计算机因为有了计算机杂志和计算机俱乐部而变得更加有趣，参与者可以分享他们编写的代码，并将其放入公共领域，在不需要许可证或任何信用或归属请求的情况下将代码送人。大型机和微型计算机时代也有自己的软件交换平台，包括 1955 年成立的 SHARE，这个用户组一直延续至今。在计算机发展的早期，共享软件是很容易的，因为相关公司认为软件没有价值，他们主要在硬件和维修上赚钱。此外，向同行们展示自己的肌肉也是一件不错的事，如果他们想用你的代码做更大更酷的事情，你会很高兴。

我最近通过一个朋友得到了一台我最喜欢的那个时代的计算机，一台 Amiga，我在大学里就是用这款计算机编程的，我的第一个商业销售软件也是在它上面编写的。当时到了四个大箱子，其中只有一个装着计算机，另外三个装的是书籍和软件，花钱购买的东西很少，大多数 3.5 英寸的软盘（不知道是什么的年轻读者可以去查一下）里面的软件都没有任何许可证，这数百个大大小小的程序都是作者赠送的，用来娱乐消遣，或者让其他有共同兴趣的人更有成效。

随着开源许可证的出现，我们试图定义共享的含义，这看起来可能有点奇怪，因为"共享什么"的定义似乎相对清晰，但是思想的产物比具体物品（比如一个苹果）更难定义。共享一个苹果，这是一个具体的资源，很容易看到，没什么可争论的。共享一个可以无限复制和应用的知识资源则面临着挑战，这些挑战让真正的律师以及自认为是律师的程序员忙碌了近 40 年，而且随着大量新许可证的不断涌现，这一切没有停止的迹象。

亲爱的 KV：

我在家里运行着一套小型网络服务器，为朋友托管网页。在过去的几个月里，我一直在构建一个用于分析网络日志的小软件包（当然是在"业余"时间），现在我想把它发布到 SourceForge 上。SourceForge 要求我在代码上放置一个开源许可证，我本来打算将其放在 GPL 下，但后来我读到了关于 GPL3 的所有争论，我想知道这是否会影响我的软件包。我搜索了一下其他的许可证，好像每个人都有自己的。你如何决定使用哪一个？

Unlicensed（未经许可的）

亲爱的 Unlicensed：

首先，我可以直截了当地声明，我不是律师，也从未在电视上扮演过律师。我认识一些律师，纯粹是为了社交，嗯，实际上是喝酒，但我的法律知识仅限于此。有了这个警告，希望能安抚一下 *Queue* 的律师们，我从来没有和他们喝过酒。现在，让我试着回答你的问题。

就我个人而言，我使用的是 BSD 许可证。之所以使用它，不仅仅是因为我是一个古怪的老 BSD 程序员，尽管我确实是，更多的是因为我认为它给了我和我的代码最大的自由，同时风险最小。我相信大多数程序员都希望人们使用他们的代码，反馈补丁，同时远离法律纠纷。BSD 许可证在这些方面都做得很好。GPL，嗯，那是一壶滚烫的油。

我觉得对 GPL 最好的描述是，它就是许可证的蟑螂汽车旅馆，代码可以入住，但不能退房。将 GPL 许可证加在你的代码上不仅意味着你要共享它，而且任何使用你代码的人都必须与你共享。你看，GPL 中让我觉得有问题的部分是，如果我在产品中使用了你的代码，就必须把我的产品代码都给你。但如果出于某种原因，我只愿意给你代码的一部分，不想给你全部，那该怎么办？这种情况下你就不能使用GPL。事实上，GPL 可能会让你处于进退两难的境地。大公司的许可证是完全封闭的，你可以按照他们的条款使用代码，GPL 在这方面与他们类似，它会规定你如何使用你的代码，也就是你写的代码，因为在它看来这些代码是原来的扩展。大多数人称之为"病毒"许可证，许多不使用 GPL 的项目都非常小心地将 GPL 代码与其他部分隔离开来，以防止被病毒毒害。

还有一种方法是将代码放到公共域中，但这样你就无法控制，理论上也得不到保护。自从我开始使用 BSD 许可证以后，我就没有这样做过了，因为有了 BSD 许可证，就相当于说了："不要起诉我！这个没有担保！"这是个很好的说法。你不希望有人将你的代码集成到他们的产品中，然后在他们倒闭时向你索赔。

我相信很多人使用 GPL 是因为它很有名，而不是因为他们真的想强迫任何接触过他们代码的人和他们分享。在许多场合，我曾多次联系我想扩展的库的作者，问他们是否可以不使用 GPL，通常他们会说，"当然可以，但是为什么呢？"一旦他们明白了原因，通常就会转向病毒较少的东西，有时甚至是 BSD。这种思考上的懒惰正是导致人们将完全不适合的技术用于项目的原因，比如将关键任务系统放在 Windows 上，但是我应该是跑题了……

当然，不要相信我的话。如果你真的疑神疑鬼，可以问问律师。

请注意，"本文由版权所有者和贡献者"按原样"提供，任何明示或暗示的保证，包括但不限于对适销性和特定用途的适用性的暗示保证，一律免责"。

KV

5.17　如此多的标准

　　随便什么国家大事到了他手里，不可解的结也就解开了，好像他是在随手解
他的袜带子。

——《亨利五世》，莎士比亚

　　人们很容易对标准持怀疑态度，这并不是因为标准太多，而是因为它们经常被
用作我们的工具，当我们输了一场纯粹的技术争论时，我们可以用标准来扳回一局。
标准竞争是肯定存在的，这些标准由公司提出，目的是控制市场的某些部分并排除
其他部分。当然也有写得很好的标准，当我们遵守这些好的标准时，得到的系统会
比不经思考拼凑出来的系统好得多。在第 4 章中，我们讨论了网络协议标准，包括
它们是如何被正确使用和误用的，而在这里，我们要讨论的是一个非常个人化的标
准——编程标准。随着大型开源项目带来的分布式软件开发的兴起，这一讨论变得
更加重要，因为如果你认为让一家公司的 5 个程序员按照统一的标准编写代码很困
难的话，想象一下让分布在全球各地的 500 个程序员来做这件事的情况吧，他们中
的许多人甚至不会说同一种语言。在项目的早期就这类标准达成某种协议，可能是
一组程序员能够做出的最重要的非算法决策。有这么多标准可供选择，不一定是福
还是祸。有很多选择就意味着应该有一个适合某个项目的选择，但同时也意味着，
如果没有适当的引导，人们可能会对这些标准争论不休。

亲爱的 KV：

　　我们正在启动一个新项目，并试图确定一个编程标准。我们团队里有 10 个人，
每个人都想用自己最喜欢或者在上一家公司用过的编程标准。请问我们该如何选
择？这真的很重要吗？

So Many Standards（如此多的标准）

亲爱的 SMS：

让我来问问你，你的团队花了多少时间确定一个编程标准？一天、一周还是一个月？你们就没有更好的事情可做吗？我的意思是，拜托，我们都反复讨论过这个问题了，没有人喜欢最后的答案，但是必须要有一个答案。聚在一起，喝点啤酒，让每个人都带上自己喜欢的编程标准，然后锁上门开始讨论，在达成一致之前，任何人不得离开。幸运的是，啤酒会加速讨论进程，因为，如果你锁上了门，就会有人不得不离开，你懂的吧？好吧，也许这不是最有效的方法，但至少它能让你很快得到一个合理的结果。

编程标准的意义在于，让所有和你一起工作的可怜虫都能够理解你在某个周日凌晨两点时，在睡眠不足的情况下创建的代码。这种理解在以后会变得很有必要，对于你在发布前一天创建的这些代码，也许在发布后的第二天凌晨 3 点，第一份 bug 报告就来了。所以请记住，你帮助的那个可怜虫也许就是你自己。

那么，如果我是你，我会追求可读性、可读性和可读性（重要的事情说三遍）。

一个好的编程标准：

❑ 使相关的代码块看起来像是相关的。

❑ 留出足够的空白空间，让我们这些戴眼镜的人可以分辨哪个代码块与哪个 **if**、**while** 或 **case** 语句相匹配。同时，空白空间也不能太多，以至于普通的显示器都显示不下。

❑ 不要取一个类似于句子的长名字。类似于句子的长名字这个想法的初衷是好的，即希望让代码的读者能够像阅读书面英文一样阅读它。但最终你会无法分辨 ReadInputFileFromDiskIOComplete 和 ReadInputFileFromNetIOComplete。

❑ 当出现编程错误时，清晰地标识出来。如果代码的编写方式隐藏了一些东西，比如不小心打开了 **else** 语句（以为自己在 **else** 块中添加了一行代码，但是忘记了大括号），那别人就帮不了你了。

要我说你应该从这里开始。编程标准本身应该最多只有 4 页长。大部分工程师都不想对着满是流程 BS 的活页笔记本来写代码。编程标准中的每个语句都必须写得清晰明了。把它想象成一张"要做什么"和"不要做什么"的清单。只需写明例程如何命名、代码如何缩进、大括号位于何处、变量应该是什么样子的以及如何处理它们。然后回去工作就可以了！

KV

5.18 书籍

要摧毁一种文化，你不必去烧书。不让人们阅读这些书即可。

——Ray Bradbury 在电影 *Fahrenheit 451* 中的台词

KV 热爱书籍。嗯，我必须爱书，因为我已经蠢到继续写书了。我爱书，但我真正爱的是优秀的书，本节和 5.19 节给出了一份我认为值得一读的书单。在编程成为一门独立的学科后，计算机相关书籍的数量一直在持续增长，但在我看来，好书的数量却一直相对稳定。斯特金定律指出："90% 的东西都是垃圾。"诚然，斯特金是一位科幻小说作家，但该定律仍然适用于许多地方，包括计算机书籍。我之前在这两篇文章中列出的书籍都是计算机世界中无可争议的经典，而在我发表了这两篇文章之后的几年里，我只能再找出几本我认为属于同一级别的书。

一本好的计算机书籍不仅要包含所有好书的一般特质，还要包含一些必须出现在计算机书籍中的特质。一般特质包括叙述流畅、思路清晰、描述清楚。一本书，无论写的是编译器、摄影、灵长类动物的历史，还是一部完整的小说，它都必须向读者呈现一个叙事过程。一本书必须让一开始对主题或小说中的人物一无所知的读者获得启迪。太多的计算机书籍作者只是简单地叙述事实，而没有将这些事实与相关叙述联系起来，从而使这些事实对他们的读者更加有用并具有相关性。对于任何类型的技术书籍来说，第二个要求是思路清晰。书中应该避免使用行话、过长的句子和其他写作规范中提到的缺点[⊖]。写作的目的不是让读者觉得作者有多聪明，而是让读者记住作者想要分享的知识。

了解一般情况之后，我们转向许多计算机书籍都出现过的典型问题，这些问题可以分为三类：示例、交叉引用和索引。我列出的几乎所有书籍都有出色的示例与正文相配合。有时，一些作者会把大部分篇幅放在示例上，好像给读者看一页又一

　　⊖　William Strunk/E. B. White: The Elements of Style, Boston (USA) 1999.

页的代码或图表就能帮助他们理解作者想表达的东西。向读者灌输代码几乎等同于在他们的办公桌上放一张老式的绿色代码清单，上面只有很少的注释，并要求他们阅读。示例需要与正文相关，并且正文必须放在第一位，而不是作为示例的脚注。交叉引用很重要，因为大部分人阅读计算机书籍时不会像阅读小说一样从前往后按顺序阅读。计算机书籍经常被用作参考书，而参考书要发挥作用，就必须有条理清晰的交叉引用。这并不是说每个句子都必须像维基百科的某些形式那样指向三个方向，交叉引用是为了让人们能够在需要查找第 5 章中的一个概念，同时发现这个概念取决于第 2 章的内容时，可以自信地返回到第 2 章。最后，我们来说说索引，对于参考书来说，索引的查阅频率远远高于目录。优秀的计算机书籍都有完善的索引，因为读者在第一次阅读本书后，几乎总是会去索引中查找他们现在无法理解的概念。

亲爱的 KV：

我刚刚完成学业，开始在硅谷的一家大型 IT 公司工作。工作还可以，虽然有点无聊。一个人可以利用网页做多少事，又有谁会关心博客呢？我接受这份工作是因为这家公司的所有代码都是在开源系统上开发的，这意味着我可以一边看代码，一边修补低级的 bug，这也是他们付给我薪水的原因。我所在的工程团队中大多数人都是应届毕业生，其中有几个人似乎对工作的兴趣不仅仅是拿着高薪、数着股票期权、计划着第一笔股票到手后买哪辆车。其中一些人正在传阅我们喜欢的技术书籍，偶尔也会传阅你的专栏文章。我们在午餐时打了一个赌，看你会推荐哪些书给你的读者。谁的书单与你推荐的书单最匹配，谁就能得到我们其他人买的午餐。

你的书单是什么？我要赢得那顿午餐！

Hungry Reader（饥饿的读者）

亲爱的 Hungry：

你说你"偶尔"传阅我的专栏文章是什么意思？我希望你们每个人现在就去订阅 *Queue*！不然我会让一群疯狂的版权律师半夜去拜访你们，做一些连我的心理医生都会感到不舒服的事情！

好了，先不谈这个。我认识的每个程序员和工程师，或者至少是那些还在和我交流的人，都有一小堆书放在他们的工作区附近。我认为这堆书就是你不能也不应该没有的书，它们正是你需要的。书单的问题在于它是非常主观的，在信息技术和计算机科学这种多样化的领域，流行的东西总是在变！我刚才说什么来着？哦，对了，书单总是主观又冠冕堂皇的，我的书单也是一样，所以我想我可以给你我的书单。我想指出的是，这些书不仅有用，而且写得很好，容易阅读，在你需要通读 400 页或更多页的复杂思想时，这一点非常重要。无论别人说一本书有多重要，如果它不是一篇精心创作的作品，那就永远没必要去读它。

Donald Knuth 的 *The Art of Computer Programming* 也许是计算机科学领域最著名的大师作品，这种书既可以作为参考书，读起来也是一种享受。大学一年级的时候，我收到了第一套作为圣诞礼物，是的，我自己要求的，因为圣诞老人很少阅读书店的计算机科学部分。起初我对这套书不太了解，我也从未真正通读过，但当你对某个算法有疑问，或者你在考虑优化某段代码时，就值得花一天时间来阅读它。你会发现要么 Knuth 博士已经知道答案，要么就没有人知道，你只能靠自己了。这套书已经写了将近 40 年了，但还是值得放在身边。

The Art of Computer Systems Performance Analysis: Techniques for Experimental Design, Measurement, Simulation, and Modeling，作者是 Raj Jain，这本书似乎没有达到它该有的知名度。它于 1991 年首次出版，现在读起来有点过时。它的例子中使用的硬件要么会让流下怀旧的眼泪，要么会让你忍不住说："DEC 是谁？" Jain 博士在计算机网络方面有很深的造诣，这一点在本书中也有所体现，但它远不止是一本关于网络的书，而是一本将科学方法应用于解决计算机科学问题的好书。本书涵盖了诸如正确的实验设计、工作负载选择等有用的主题，以及正确处理系统性能问题所需的所有其他内容。

Richard Stevens 写了很多东西，包括但不限于 *TCP/IP Illustrated Volume 1 and 2*。Richard Stevens 喜欢写作，这在你读他的书时会有明显的感受。他写的大多数书都是关于网络的，特别是关于 TCP/IP 的，但也有一些书比较广泛，涵盖了像 UNIX 环境中的编程这样的主题。每本书读起来都很有趣，有很多相关的例子，每一页都会教你一些东西。

The Practice of Programming，作者是 Brian W. Kernighan 和 Rob Pike，这是最好的书之一，自出版至今已有 20 多年的历史，但仍然非常具有现实意义。它也是一本很薄的书，不到 300 页，但充满了有趣的编程故事和实用的建议。正如 KV 在许多文章中所指出的，使用与你的编程语言和环境相关的风格进行编程非常重要，这本书深入探讨了这个主题，同时保持着很好的可读性和趣味性。这是一本必须读而且必须反复读的书。

最后，还有一本非计算机类书籍，Strunk 和 White 的 *The Elements of Style*。不，

对于我们这些不知道橙色和绿色是否真的冲突的人来说，这不是一本关于如何穿衣服的书，而是一本非常简短的关于如何正确使用书面英语的书。为什么我会推荐这样一本书？以下是我的理由：如果计算机科学被视为一门科学，那么很重要的一点是，包括所有程序员和计算机工程师在内的计算机科学家要能够交流他们的发现。科学毕竟是通过科学方法来追求知识的，而科学方法的一个重要组成部分就是你能够告诉另一个人你做了什么以及你是如何做的，这样他们就可以验证你的工作。我不在乎你的代码有多聪明，如果你不能向别人解释，那么它就几乎毫无用处。因此，用目前大多数从事计算机工作的人的共同语言（英语）进行写作的能力实际上是相对重要的。我相信，我的编辑们一定希望我能更多地提到这本书。

现在，你拿到午餐了吗，我怎么拿到我的那份？

KV

5.19 更多有关书籍的信息

时间终于够了！

——《暮光之城》，Henry Bemis

在我们翻过书的最后一页之前，我想用更多的章节内容来将 KV 的书单同步给大家，如果程序员们仍然喜欢阅读纸质书籍，那这些书籍也应该出现在他们的书架上。

Henry S. Warren Jr. 所著的 *Hackers Delight* 是你可以花一小时、一个晚上或一个周末去阅读的书籍之一。这本书很难归类，但如果你不仅想知道机器是如何工作的，还想知道一些让它们以聪明的方式做你想做的事情的技巧，那你肯定会想要这本书，附带一本便笺簿和一支铅笔。

Evi Nemeth、Garth Snyder、Trent R. Hein、Ben Whaley 和 Dan Mackin 所著的 *UNIX and Linux System Administration Handbook* 是我职业生涯早期的一位上司强行让我读的。"我需要了解关于系统管理员的什么？我是一名程序员。"我礼貌地询问他让我读这本书的原因。这本书的宣传语是"如果你能从多个层面理解这个系统，你的工作效率会更高"。如果你只会打开一个编辑器，运行一个编译器，那么让你来诊断网络连接不稳定的问题远不如直接把本地系统管理员请过来。

纵观我的书单，以上两本书我没有提到，推荐给每一个程序员。

亲爱的 KV：

我读了你对 Hungry Reader 的回复，我有你列出的除 Raj Jain 那本之外的所有书，我会补齐这本书。我想再加入一部不可或缺的作品——Brooks 的《人月神话》。给你的经理弄一本也很好。你觉得怎么样呢？这本书应该在你的书单上吗？

Nostalgic over PDP-11s（怀念 PDP-11s 的人）

亲爱的 Nostalgic：

　　冒着因推荐旧书而再次被网友评论为老古董的风险，是的，你的建议很好。我最初的回复主要是关于技术书籍的，而《人月神话》是一本管理书籍，尽管它比我书库里其他管理类书籍给我的恶心感要少得多。

　　出于某些原因，我对这本书记忆犹新。对于任何在软件公司工作过的人来说，这本书的结论都是显而易见的，即使在今天，你也可以用它来敲打愚蠢的经理们。它之所以能经久不衰，原因有二：一是它写得很好，这是一种不寻常的品质；二是在过去的 50 年间，人们在管理大型项目方面没有什么进步。《人月神话》还有一个优点，它的篇幅足够短，短到我及时读完并归还给大学书店时还能拿回全部书款。我拿这钱买了聚会的啤酒。不，我没开玩笑。所以，我当时没有留存这本书，但是我收获了一些美好的回忆。

KV

5.20 保持与时俱进

时间是唯一重要的事情。

——Miles Davis

虽然书籍是学习现有知识的极佳方式，但要了解最新的技术发展，还需要进行更广泛的阅读。许多人通过参加网络研讨会和观看视频来了解新技术，但我觉得最好的方法是关注一些收录高质量论文的期刊和会议。因为我的研究领域是操作系统、网络和安全，所以我倾向于关注 SIGOPS、SIGCOMM、IEEE S&P（Oakland）和 USENIX 的一些会议。在下面这封信和回复中我们看到，有难和易两种方法来紧跟学术论文的节奏，这一次 KV 推荐简单的方法。

亲爱的 KV：

我的上司一直抱怨，说我有一种非我所创综合征（NIH）的心态，最好的想法都"在已出版的文献中"。这真的让我很沮丧。你有没有想到什么聪明的方法让他离我远点？

Bummed（沮丧的人）

亲爱的 Bummed：

嗯，我确实有让上司远离我的方法，但我不会在这里分享。因为首先很多是违法的，其次我觉得你上司可能是对的。

我的经验是，许多程序员最后一次阅读论文还是在学校某门课程有论文要求的时候。虽然有很多关于行业最新流行语的书，但这些书没法涵盖日常工作中用到的基础知识，也没有谈及构建系统方法的重大变化。学习新出现的编程语言是很好的，但如果你不了解语言的编写方式和原因，就很可能会为你的项目选择错误的语言。

我们这个领域的任何部分都是如此，无论是数据库、Web 应用程序框架、安全产品，还是网络协议。

"但是期刊太无聊了！"我听到你这样抱怨。是的，除了 *Queue*，没有太多热门的睡前读物。我承认我睡前会看一些特别好的会议论文集，但是你知道的，我是一个极端的例子。

归根结底，了解你的领域是你的责任。如果你是一名管道安装工，却错过了从铅管到铜管的转换，那么你肯定会对你的客户和你自己造成伤害。

在这里，我可以给你一些提示，让这个过程变得容易很多。首先，你应该四处打听，看看你的同事都读什么。找一个在代码或设计上赢得你尊重的人，看看他们的书架上有什么。然后向他们借一两本期刊来读，或者看看能不能在网上找到部分文章。

当你开始读多本期刊时，记得在去当地的咖啡店或者乘坐飞机的时候带上它们。通勤时间也是绝佳的阅读时间，前提是你不开车！在读期刊时，你应该记住两件事。第一，大部分期刊会发布所有论文的摘要。先看完所有的摘要，然后再决定想看哪些论文。第二，论文不是小说。如果你不喜欢正在读的论文，也没有从中获得任何启发，那就把它放在一边。人生苦短，没时间阅读那些写得不好的论文。

现在，趁着还有空间，我应该为优秀的 ACM 做个宣传。ACM 有涵盖信息技术行业各个方面的期刊和会议论文，这是一个很好的起点。此外，我喜欢的期刊和会议论文来源还有 IEEE 和 Usenix。每个组织服务的群体略有不同，但都值得一看。现在放下那本 *Snow Crash*，回去工作吧！

KV

5.21　我的最后一招

> 噢，布温克尔，那一招没用的！
>
> ——Rocky J. Squirrel

作为你的同事，他们最稳定的用途之一就是做你耐心的倾听者。KV 自己并不是一个特别耐心的倾听者，但总是很乐于寻找有耐心的人。这里提到的这招可能甚至不需要找到一个人，你可以把一只橡皮鸭放在桌子上，向它解释你的问题，但这样你的同事可能会觉得特别奇怪。下面的回复是写给一封后续来信的，但我认为这个回复本身就很有价值，也是我留给你的关于如何与周围的人打交道并加以利用的最后一点建议。

亲爱的 KV：

我读了你关于 Heisenbug 的建议（"Kode Vicious Bugs Out"，2006 年 4 月），很惊讶你没有提到解决这些特定 bug 的最佳方法，这种方法就是随机找一个路人就能直接指出错误。

Passing（路人）

亲爱的 Passing：

你提到的调试方法就是我所说的"愚人花招"。实际上它有两个不同的版本。你提到的那个其实是两者中不太靠谱的，因为它取决于偶然。

我喜欢的另一个版本是，我走向一个同事（可以是任何人，不一定是个工程师，只需要能站在那里回应"嗯嗯"就行），开始解释我遇到的问题。

用这一招时，你要指着自己用来考虑问题的代码或图表开始解释你的问题。如果跟你讨论的人思路很清晰，那你可能很幸运，这个人可能会发现 bug 或者至少问你一些好问题。然后在某个时候，砰，你拍了下自己的额头（我是个秃头，所以我经常这样做），说："我找到了！"这时，你会有一种找到问题所在的美妙感觉。感谢提醒。

KV

推荐阅读

深入理解计算机系统（原书第3版）

作者：[美] 兰德尔 E. 布莱恩特 等 译者：龚奕利 等 书号：978-7-111-54493-7 定价：139.00元

理解计算机系统首选书目，10余万程序员的共同选择
卡内基-梅隆大学、北京大学、清华大学、上海交通大学等国内外众多知名高校选用指定教材
从程序员视角全面剖析的实现细节，使读者深刻理解程序的行为，将所有计算机系统的相关知识融会贯通
新版本全面基于X86-64位处理器

　　基于该教材的北大"计算机系统导论"课程实施已有五年，得到了学生的广泛赞誉，学生们通过这门课程的学习建立了完整的计算机系统的知识体系和整体知识框架，养成了良好的编程习惯并获得了编写高性能、可移植和健壮的程序的能力，奠定了后续学习操作系统、编译、计算机体系结构等专业课程的基础。北大的教学实践表明，这是一本值得推荐采用的好教材。本书第3版采用最新x86-64架构来贯穿各部分知识。我相信，该书的出版将有助于国内计算机系统教学的进一步改进，为培养从事系统级创新的计算机人才奠定很好的基础。

——梅宏　中国科学院院士/发展中国家科学院院士

　　以低年级开设"深入理解计算机系统"课程为基础，我先后在复旦大学和上海交通大学软件学院主导了激进的教学改革……现在我课题组的青年教师全部是首批经历此教学改革的学生。本科的扎实基础为他们从事系统软件的研究打下了良好的基础……师资力量的补充又为推进更加激进的教学改革创造了条件。

——臧斌宇　上海交通大学软件学院院长